建筑装饰装修室内空间照明设计应用手册

（上册）

中国建筑装饰协会建筑电气分会　组织编写

中国建筑工业出版社

图书在版编目（CIP）数据

建筑装饰装修室内空间照明设计应用手册：上、下册／中国建筑装饰协会建筑电气分会组织编写．—北京：中国建筑工业出版社，2021.3

ISBN 978-7-112-25735-5

Ⅰ.①建… Ⅱ.①中… Ⅲ.①室内照明-照明设计-手册 Ⅳ.①TU113.6-62

中国版本图书馆CIP数据核字（2020）第250766号

责任编辑：杨　杰　李春敏
责任校对：张惠雯

建筑装饰装修室内空间照明设计应用手册
中国建筑装饰协会建筑电气分会　组织编写
＊
中国建筑工业出版社出版、发行（北京海淀三里河路9号）
各地新华书店、建筑书店经销
北京蓝色目标企划有限公司制版
北京富诚彩色印刷有限公司印刷
＊
开本：787毫米×1092毫米　1/16　印张：23¾　字数：534千字
2021年6月第一版　2021年6月第一次印刷
定价：**150.00**元（上、下册）
ISBN 978-7-112-25735-5
　　（36391）

《建筑装饰装修室内空间照明设计应用手册》

编辑委员会

主　编

谢　天　施恒照　蒋缪奕　王浴东

副主编

朱晓岚　杜健翔　索　斌　余显开　荣浩磊　林良琦

各章主要编写人员

1　光与灯具

施恒照

2　住宅空间

石海啸　姚　丽　李晓夏　谢志云　李　勇　杨　可
梁　伟　朱忠武　史亚超　任绍辉　吴　珺　万　霞
倪　斌

3　餐饮空间

方　方　叶　昌　刘海军

4　办公空间

高　帅　成　昱　张宇涛　吴淑汉　邓展谋　朱伟凯
杨　庆　彭银水　李　刚　陈继华　孙清焕　温凯敏
兰　海　何党辉　王　可　沈济良　荣浩磊　陈金祥
荣新春　靳　江　潘玉珀　蔡宝峰　向　荣　熊智勇

5　酒店空间

余显开　张宇涛　李晓夏　吴淑汉　邓展谋　谢志云
杨　华　彭银水　朱忠武　胡　波　潘波丞　淡志贤
李相闽　曹军勤　潘玉珀　孙巨波　孙玥雯　吴俊书

6　会所空间

李　鹰　吴俊书　唐昭　刘赛文　邵　彬

7　民宿空间

易　胜　李胜辉　唐小明

8　零售店铺空间

左　旋　冯祖强　吴淑汉　陶红兵

9　超市空间

叶珊珊　成昱　许智勇　向荣

10　书店空间

范婉颖　王浩筠

11　娱乐空间

陈继华　陈德军　皮狄陇　文宏昌

12　购物中心空间

索斌　李晓夏　杨华　熊智勇

13　展陈空间

艾晶　李波　李晓夏　袁国忠　兰海　潘荣伟
潘辉　孙仲萍

14　剧院空间

王鑫　刘芳　陈仕聪　汪建平　杨彤　程溯
蔡晓峰

15　图书馆空间

杜健翔　周鹏

16　学校空间

林影　张宇涛　刘芳　陈仕聪　季震宇　林瑶

17　医院空间

荣晓光　张宇涛　冯祖强　梁士莹　潘龙　林瑶

18　交通空间

顾冰　范旭　孔潇　黄星月　吴淑汉　陶红兵
黎文伟　王自飞　唐勇　缪海林　高嵩　王洪亮

19　工业厂房及仓储空间

杨佳奇　李文欣　张毅灵

从星火点点到大白天下

　　自从爱迪生120年前发明电灯伊始，人类总算结束了上万年的星火点点的黑暗时期，我们来到大白天下的现实世界，人工照明成为人类追求城市化率的亮化指标，从太空观看我们赖以生存的大地夜空，繁星闪烁、织网密布的超级城市，一定反映了人类最最激动人心的光彩景象，更是我们评价区域进步的显性标准。唯其如此，没有之一。

　　殊不知，以个人的经历来看，从油灯到电灯，我们足量摆脱火光与电光的双重光源交汇使用时间则是近一二十年的事。儿时襁褓中的印象，一盏15瓦的白炽灯孤悬半空，长辈在其间忽远忽近交替制造出来的巨大黑影，一直是儿时挥之不尽的印象。油灯或低能人工照明一直是家庭开支的主要节约手段；乡下闪烁不定的煤油灯是家书和阅读的唯一照明工具；"日出而作，日落而息"是我们理所当然的行为准则；理想社会的"楼上楼下，电灯电话"似乎在我们的社会姗姗来迟，节约成了我们民族根深蒂固的不变信仰。坊间传言，洋人娶了中国媳妇，一连串的房屋均会人走屋黑，养成随手关灯的异国情怀。

　　天文数字的人口大国，我们经历了油灯、蜡烛、早期电灯、碘钨灯、白炽灯、霓虹灯、卤素灯、光纤灯、节能灯等极其缓慢的过渡时期，直到LED光源和清洁能源大规模节能的强力推动下，人类在节能和亮化之间终于找到了平衡点，人工照明第一次有了真正意义上的艺术表现力。光，在表现环境艺术魅力的同时演绎了跳荡人生；光，在表现人物形象的魅力同时显现了人的内在品质；富于表情的微光是一类浸入式的场景抒情；能量充足的均衡强光又是一国礼仪空间的视觉强化；建筑空间的多样设计给光的表达赋予了太多内涵；作为光的载体——灯具，因光源的百变柔性的特征，给空间塑造提供了各种新的机遇，冷暖和照度，前置与背景，隐忍或直白，对于技术设计来说，开出了前所未有的课题，需要大家共同研究探索去实现。当然，关键在于问题的提出。

　　我们在设计中摹拟古人"林院生夜色，西廊上纱灯"（【唐】韦应物），"晓看纨扇恩情薄，夜觉纱灯刻数长"（【唐】刘禹锡），这样的意境已经远远不够，人工照明不仅是一种可视化的手段问题，在时间、空间、技术、能力的实现综合心理感受中，新能源科技产品给出了全新的命题，人工照明预示了前所未有的可能性，面对当下社会，我们期待有更多的上佳空间照明作品呈现给全社会。

清华大学美术学院　马怡西

2020年12月28日

　　室内设计是生活的艺术，也是与经济技术发展密切相关的学科。随着生活水平的提升，人们对室内空间的审美与期望也随之提高。室内空间从注重形象到注重风格，再发展到注重意境直到当下的注重体验，在我看来，这是一种审美的进步，是设计审美从"实"到"虚"，从"硬"到"软"，从形象到人文的一种变化，空间审美的边界与范围都在发生着拓展，而审美的对象与方式也变得更加精细和宽泛了。

　　另一方面，行业的成熟与发展总是伴随着专业的分工与细化，照明设计正是在这一背景下，从室内设计中独立出来，成为艺术化空间的重要内容。照明技术的发展与完善也为设计师提供了更多样的，更成熟的照明设备，极大程度上满足了空间艺术效果的独特性与丰富性。当下的空间设计，是无法忽视光的艺术效果的，光线是空间的灵魂，照明设计也早已跨越将空间照亮这一最基本的功能需求，进而发展到展现空间多层次多情感诉求和增强空间沉浸式体验的艺术创作中。我们期待越来越多的设计师借助照明设计的艺术手段，创造出更多、更好的艺术空间作品。

　　本书列举的18种空间类别均为室内常见的功能空间，本书从材料学、心理学、物理学的角度来思考照明的布置与应用。

2021.2

　　曾经，我有一个梦，希望所有设计师看灯光书籍都跟看漫画书一样简单，一样入迷；曾经，答应出版社尽快完成书籍的内容，最后因工作忙没能完成曾经的梦。当很多想做的事都没完成的时候都会变成了"曾经"。

　　记得两年前的一个午后，四个人谈论着写一本关于照明的书，一本"室内设计师"能用的照明书籍，我犹豫了一下。什么是室内设计师能用的照明书？室内设计师和灯光设计师的书差距在哪里？它应该有差距吗？少了任何一部分是不是就不完整了？我心里嘀咕着，似乎也带有一丝本能的抗拒。但最终接下了这份任务。

　　2019年6月29日，本书籍编写的第一次会议，已不记得有哪些人参加了，唯一记得的是压力，有时间的压力，有编写整合的压力，当然还有专业不足的压力。一场持久战，一年多的资料整理与编写，以及持续催稿的无奈。一场疫情没有打乱节奏，反而让生活更有规律，两天一次的夜跑成了一次次文章内容的检讨，渐渐成形的书籍内容，演变成为渐渐成形的梦想。

　　这本书是一个开始，带点遗憾和不足的开始，也希望成为引导广大室内设计师重视灯光设计的开始。

施俊明

2020年12月01日

　　作为一名室内设计师，在空间设计创作中，空间塑造，材料搭配，陈设艺术的布局等都离不开灯光对空间的氛围营造和提升。光是一种给人以情感传递的介质，不仅能给人希望，同时也能影响一个人的情绪。

　　虽然平时我们很多项目上都会有跟灯光设计师合作，但是还是缺乏对灯光设计的系统了解，随着国内装饰行业的快速发展，人对空间舒适度的需求越来越高，空间设计中灯光运用的手法也越来越多，如何让更多的室内设计师及客户能够系统的了解灯光在空间中的作用和价值，这也就成为了我们作为资深室内设计师及资深灯光设计师们的一种历史使命。

　　在中国建筑装饰协会建筑电气分会的组织与大力推动下，一批有热情、有使命感的优秀室内设计师、灯光设计师、产品设计师加入到了我们这次照明应用书籍的编写中来，经过一年多的编写和反复论证，虽然今年还受到了疫情的影响，但我们所有的主编及编委们都还是齐心协力，克服各种困难，完成了高质量的内容。本书籍涵盖的内容多，涉及的空间复杂，初心是希望此书可以作为工作中的设计师们对灯光应用了解的一种工具，书籍的表达方式也比较偏漫画形式，也是为了吸引更多的设计师感兴趣，能够加入到灯光设计的队伍中来，提升行业的灯光设计的整体水平。

　　本书由于编写的时间比较紧，内容难免会有不足之处，我们也是希望通过专家及广大设计师们在应用过程中多提宝贵意见，为我们今后内容的修编提供依据，也希望从此能让喜欢灯光设计的设计师们多关注，为自己的作品提光加彩。

2020.12.02

    冬去春来，和"光"这个捉摸不定的东西反复撕扯，竟然耗去了四分之一个世纪还多的生命。

    喜悦、惶恐、荒唐，甚至不堪，反复出现在与"光"撕扯的日子里。

    日月星辰间，无数个撕扯，谈不上赢输。"光"在指缝中，不再拿捏不定，从哪儿来到哪儿去，指尖微动，收放个八九不离十。

    但是，半路出家导致基础理论的缺失，无法历数的经历兜兜转转周而复始，成功与失败的冲撞，挤压的摇摇晃晃，且须发皆白，眼袋尽显。

    小女出生，奶声奶气咿呀学语，顿觉惶恐，如何伴随她乃至他们成长，遮风挡雨，避开坑洼，是为经历与经验跃然纸上的缘故。

    花开花落，陆续有弟子捧回国内乃至国际奖项的奖杯与奖状，欣喜落泪；也看到极有才气的后生不再与"光"撕扯，转身离去，唏嘘遗憾。

    看着初出校园懵懂到不知搭乘飞机需要身份证的生猛小伙儿，转眼间竟已陪伴他们结婚生子。步子已不再轻快，唯有嗓门儿还够亮。

    草长云飞，女儿晃晃悠悠的进了托儿所，保育员小姐姐看我的眼光充满了疑惑。深知明日风雨之不测，"光"这个东西，面对百万之巨的室内空间设计师群体露出戏虐与戏谑的眼神，让撕扯之心远未衰老。

    凭着纯粹而又感性的执念，继续撕扯的同时，充实理论补充体力，秀出肌肉也显露伤口，把经验与经历摊开，让更多的人看到。

贰零贰零秋叶未黄之时

目录

上 册

content

下　册

01

光与灯具

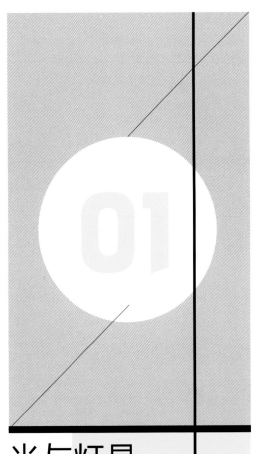

光与灯具

勒·柯布西耶说："氛围成于光，空间生于光，建筑述诸于光"。贝聿铭也说："让光线来做设计"。可见光之于建筑和空间的重要性与不可分离。透过光与影的搭配，让空间产生更高的艺术感与力量感，而这一切不只发生在白天，夜晚的光影使得建筑语汇更加丰富。里查德·凯利提出的现代照明理论：焦点发光（Focal Glow）、环境发光（Ambient Luminescence）、闪耀的光辉（Sparkling of Brilliants），让我们对人工光有了更多的了解，也让人们在不同的空间中得到了更美好的体验。我们需要对光有更深的认识，对掌控光的技术有更好的理解，才能创建更有价值、更适合人使用的空间。

1.1 光的度量

光对我们来说是一种很特别的物质，它好像看得见又好像看不见，在同一个空间中，有不同的灯光组合，而在某种组合中，也许会出现静谧的效果，让人身心得以休养；也许会出现明亮的效果，让人有效率地处理工作。这种或明或暗并可以改变我们行为和感受的光环境，可以通过一个能定性和定量的标准来帮助大家进行更有效的交流与沟通。

1.1.1 光通量

光源在所有方向上所发出的光的总量，单位为 lm（流明）。数值越大则表示亮度越高。

每种灯具流明值都是不一样的，例如 3W LED 灯泡是 250lm，15W 的节能灯泡则是 945lm（图 1-1）、（表 1-1）。

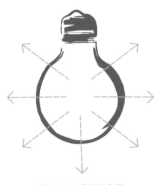

图 1-1　流明示意图

表 1-1　不同光源的流明值

光源		流明（lm）
白炽球泡	40W	485
LED 球泡	7W	550
螺旋型节能灯泡	15W	945
太阳光		3.6×10^{28}

1.1.2 发光强度

光源在特定方向上发出的光线强度，简称为光强，单位为 cd（坎德拉）。

光源发光时，并不是均匀且等量地向不同方向发出光的，因此每个不同角度所发出光的强度也不相同（图1-2）。

图1-2 光强示意图

1.1.3 照度

光源照射到物体表面，物体表面接收到光通量的多少，即每平方米的流明值（lm/m^2），单位为 lx（勒克斯）（图1-3）。

1.1.4 亮度

光源本身表面或是被照物表面反射到我们眼睛里，我们所看到的物体表面明亮程度，即每平方米的坎德拉值（cd/m^2）。

与照度值不同的是亮度值能更真实地反映人眼睛看到的明亮程度，这两者之间的差距在于被照物表面材料及颜色的不同而使人的视觉感受产生差异。同样的空间和灯具布局，当室内材料或颜色不同时，则空间给人的感受就会不同，深色的空间感觉要比浅色空间暗一些，但深色空间中的桌面及墙面的艺术品则感觉亮一些（图1-4）。

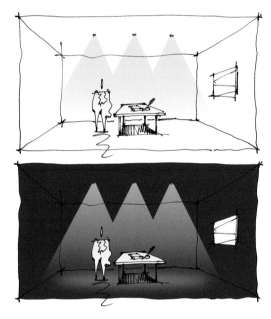

图1-4 颜色与亮度关系

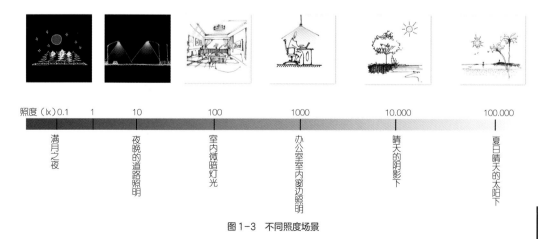

照度（lx）0.1	1	10	100	1000	10.000	100.000
满月之夜	夜晚的道路照明	室内微暗灯光	办公室室内窗边照明	晴天的阴影下		夏日晴天的太阳下

图1-3 不同照度场景

光通量、发光强度、照度及亮度之间存在着相互数值转换的循环关系，以图1-5为例，当灯具点亮时产生了光的能量即光通量；而朝某一个特定方向射出的光能量即为光强；当光到达桌面时可在桌面同等位置用仪器测得的数值即为照度；最后光再从桌子反射进入人的眼睛，人眼感受到的明亮程度即为亮度（图1-5）。

图1-5　光通量、发光强度、照度及亮度关系示意图

1.1.5　发光效率

发光效率即是光通量与耗电量的比值，单位为 lm/W（流明/瓦）。消耗相同的电力下，光通量越高的光源越亮，同时也代表了发光效率越高，更为省电（表1-2）。

表1-2　白炽灯和 LED 灯泡不同的发光效率

光源	LED 球泡	白炽灯泡
耗电量	7W	40W
发光亮	550lm	485lm
发光效率	78lm/W	12lm/W

1.1.6　光束角

在配光曲线图里，中心光强的 1/2 强度位置所测量到的夹角角度即为光束角。一般光源最亮的发光强度在光源正下方，也就是 0° 角位置，以此作为中心光强，并找到它的 50% 的发光强度所在角度即可找到对应的光束角（图1-6）。

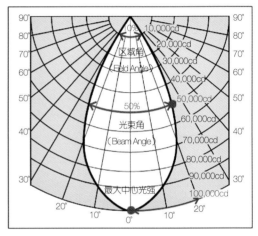

图1-6　配光曲线图

灯具或光源发出的光原则上都是有角度的，正是因为这个角度，我们才好控制光所照射的范围及大小，并运用在合理的位置（图1-7）。一般常见的光束角可以简单归纳为极窄光、窄光、中光、宽光、极宽光五个类别（图1-8）、（表1-3）。

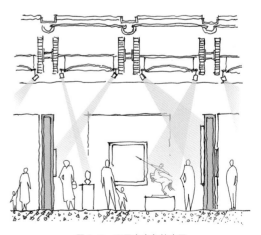

图1-7　不同光束角的应用

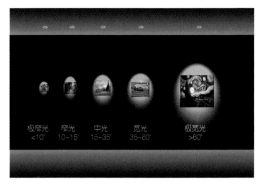

图 1-8　不同光束角的光斑大小

表 1-3　不同角度名称

名称	角度
极窄光	<10°
窄光	10~15°
中光	15~35°
宽光	35~60°
极宽光	>60°

1.2　光的感知

1.2.1　色温

　　根据国家标准《建筑照明设计标准》GB 50034 的解释，当光源的色品与某一温度下黑体的色品相同时，该黑体的绝对温度为此光源的色温。亦称"色度"，单位为开（K）。

　　色温不同，带来的感觉也不相同，对空间的影响不小，例如在家里使用 2700K 或 3000K 的暖色光，可以感受到放松及温暖的感觉，而使用 5000K 以上的色温则有清凉的感觉，更高的色温甚至有冷的感觉。一个好的光环境应同时考虑色温与照度值。根据科鲁伊索夫曲线（Kruithof Curve）（图 1-9）的研究内容，色温和照度两者之间的关系与人的感受存在一定的关联，当照度和色温关系落到了表内蓝色区域，就会有阴冷的感觉（图 1-10），而落在黄色区域则有不自然暖光环境的感觉。只有落在了白色区域，人们才会感受到自然的氛围（图 1-11）。

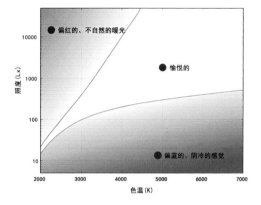

图 1-9　科鲁伊索夫曲线（Kruithof Curve）

图 1-10　阴冷的感觉

图 1-11　不自然的暖光

1.2.2 显色指数

以物体在日光下所呈现的颜色作为依据标准，来检测人工光源照到物体上时，让物体呈现真实颜色的能力通称为显色指数，符号为Ra。而这里的显色指数是根据国际照明委员会（CIE）规定的第1~8种标准颜色样品显色指数的平均值，也称作一般显色指数。除此之外，CIE另外规定了第9~15种标准色样品的显色指数，称作为特殊显色指数，符号为Ri。

日光的显色指数为100，所以光源的显色指数Ra越接近100代表了这个光源对物体颜色的还原能力越好，物体看起来也就越自然、越真实（图1-12）。

图1-12 不同显色指数对比

1.2.3 眩光

由于人的视野内的亮度大幅超过眼睛所能适应的范围而导致的烦扰、不舒服或视力受损、看不清目标物即为眩光，也就是所谓的刺眼（图1-13）。

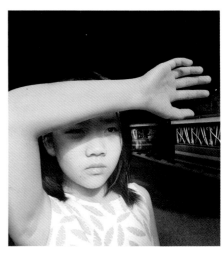

图1-13 眩光

眩光出现的原因很多，主要因素为安装位置及产品本身的问题。当灯具安装位置距离被照物太远时，灯具需要调整很大的照射角度，因此光线容易直接进入人眼可视范围而产生刺眼的情形（图1-14）。另外一种造成眩光的因素是灯具没有防止眩光的处理，造成人眼直接看见发光光源而产生的刺眼（图1-15）。

图1-14 不正确的投射角度造成眩光

图1-15 不好的灯具防眩处理

1.3 灯具类别与应用

1.3.1 灯具出光方式

灯具根据出光方式，可分为直接照明、半直接照明、直接 – 间接照明、半间接照明、间接照明、漫射照明六个大类，所有灯具都依循这个出光原则，无一例外（表 1–4）。

表 1–4 六大类灯具出光方式

出光方式	吊顶安装			墙面安装	移动式
直接照明					
半直接照明					
直接 / 间接照明					
漫射照明					
半间接照明					
间接照明					

1.3.2 常用灯具类型

室内灯具产品众多，根据不同空间及使用需求，常见的功能灯具如下：

嵌入安装	可调角筒射灯				
	下照筒射灯				
	洗墙筒灯				
	微型可调角射灯				
	下照格栅灯				
表面固定安装	下照/可调筒灯				

表面固定安装	投光灯／线型灯				
轨道安装	轨道射灯				
	轨道洗墙灯				
	防眩光配件				
	轨道安装方式	（表面固定式）	（嵌入式）	（吊装）	
吊式安装	线型／筒状吊灯				
	工业吊灯				

墙面安装	壁灯				
	踢脚灯				
地埋安装	地理灯				
建筑一体化	线型灯具				
装饰灯	表面安装				
	移动式				

1.3.3 灯具安装方式

　　灯具根据安装方式的不同可分成嵌入式安装、表面固定式安装、吊装、建筑一体化安装及活动放置等几大类（表1-5）。应根据使用位置的需求及现场的条件而采用合适的安装方式及灯具产品（图1-16）。

表1-5　灯具安装位置、出光方式及灯具类型关系表

安装位置			天花											墙面			地面		
安装方式			嵌入式				表面固定式				吊装		建筑一体化	表面固定式	嵌入式	建筑一体化	地埋式	移动式	
编号	灯具	出光方式	下照筒射灯	可调角度射灯	轨道	面板灯	下照筒射灯	可调角度射灯	吸顶灯	轨道	吊灯	轨道	灯槽	壁灯	壁灯	灯槽	地埋灯	落地灯	台灯
1	直接型		•	•	•	•	•	•	•	•	•	•					•		•
2	半直接型								•		•			•		•		•	•
3	直接/间接型										•			•		•		•	•
4	漫射型										•			•				•	•
5	半间接型										•			•		•		•	•
6	间接型										•		•		•	•	•	•	•

025

图 1-16　不同灯具出光方式的应用

1.3.4　灯具常用布置方式

重点照明

　　射灯作为使用最多的灯具类型，在布置灯具的时候应考虑灯位与被照物的角度关系，避免产生眩光。在照射空间中的物体或墙面的艺术品时，灯具的调整角度建议在 30° 左右。过大的照射角度容易产生眩光，而过小的照射角度则容易在物件上形成较大的阴影。一般来讲，灯具安装位置距离被照物墙面在 400 ~ 600mm 之间（图 1-17）。但需要注意的是此间距因被照物的安装高度及尺寸会有不同的结果，应根据实际情形做调整。

　　另外，为墙面艺术品提供照明时，应该考虑画作本身是否反光，使用射灯照画时需要以观赏者观赏位置为基准，应避免照射画面时，反射回来的光线造成观赏者的眩光。如无法避免，则建议采用左右两个灯具的照射方式，避开正面眩光（图 1-18）。

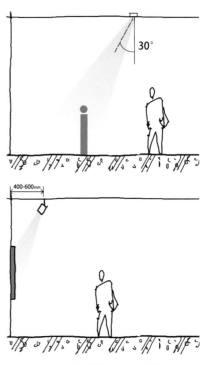

图 1-17　灯具照射角度与安装距离

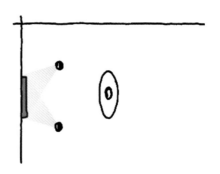

图 1-18　照画灯具布局（平面）

立面照明

由于人的视线是朝着前方的，因此墙面也是最容易被看见。可利用灯光将墙面的特质呈现出来，强化墙面的视觉感受。不同的表现方式将会呈现不同的效果（图1-19）。

（a）使用窄光束角嵌入式灯具照亮墙面，形成明显的光斑效果，适合墙面没有过多可表现但又希望能出点效果的连续墙面。

（b）使用宽光束角嵌入式灯具洗亮墙面，可达到比较均匀的立面照明效果，适合墙面有完整信息要呈现或是想洗亮整个墙面，突出墙面的效果。缺点是墙面上半部容易有光斑和明显的暗区。

（c）使用嵌入式洗墙灯具，可以将立面均匀打亮，效果与（b）相近，但由于是专业的洗墙灯处理的，因此效果会更理想。

（d）使用线型 LED 灯具与天花结构或灯槽结合，将墙面均匀洗亮。此做法适合呈现墙面凹凸肌理的光影变化，另外，由于灯具与天花结构结合，可很好地隐藏灯具，使得整体效果完整干净。

洗墙照明的做法需要考虑灯具的安装间距，包括灯与灯的间距，以及灯具和墙面的距离两个部分。为了使墙面能够更均匀洗亮，一般洗墙灯安装位置距离墙面与地面为 1 : 3 的关系也就是墙面高度为 3m 的时候，灯具距离墙面为 1m（图1-19）。除此之外，两个灯具的间距与距墙的距离关系约为 1 ~ 1.5 倍为最佳效果（图 1-20）。

（a）

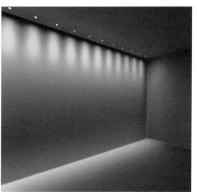

（b）

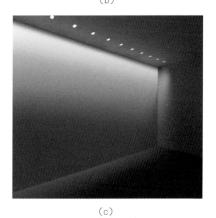

（c）

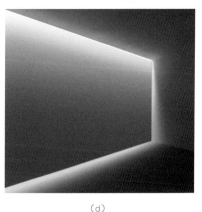

（d）

图 1-19　不同的垂直照明方式

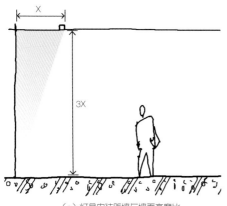
（a）灯具安装距墙与墙面高度比

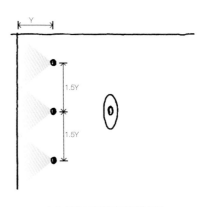
（b）灯具安装距墙与灯具间距比

图 1-20　洗墙灯安装位置关系示意图

灯槽

灯槽在室内照明中出现的频率是非常高的，除了能够起到装饰墙面及天花效果外，也能提供环境基础照明及较柔和的整体空间氛围，一般作为重点照明及装饰灯的配合角色（图 1-21），但有时根据设计需要，也可作为主照明使用（图 1-22）。

灯槽根据使用需求与目的可归纳为表 1-6 的几种不同灯槽类型和灯具安装方式。

图 1-21　装饰灯槽

图 1-22　主照明灯槽

表 1-6　不同类型灯槽做法

a			以间接光为主，此类灯槽主要作为氛围烘托或局部基础照明使用，也是最常见的灯槽之一。应注意提供合理的水平开口及内部垂直开口尺寸，使灯具发出的光能够更有效地发散出来，一般垂直（不含挡板高度）及水平开口建议不小于 150mm，而灯具挡板高度则应根据灯具尺寸（高度）来定，以软灯带为例，挡板高度建议 20 ~ 30mm 左右。由于此类灯槽灯具被看见的可能性较小，在安装条件较差的地方，可考虑不设置挡板
b			此类型属于直接光和间接光混合的做法。当墙面需要由灯槽提供较多的光时，间接光灯槽已无法满足需求，此时可以将灯具放置在灯槽上方以提供更多的直接光到墙面。做法为灯具中心与挡板齐平。需要注意的是此做法由于部分灯具外露，不建议做在与人行进方向平行的通道上，更适合作为背景墙的照明
c			两种做法与（b）类似，主要也是为了提供更多的直接下照光，但所在位置又有被看到灯具的情形时可采用此两种做法，一般常发生在走道上。常用做法可采用乳白色亚克力磨砂或布纹玻璃以及金属格栅等，做到对灯具的遮挡效果
d			
e			另外一类常见的灯槽为无遮挡的灯槽。做法和（a）类似，但应该更注意灯具的隐藏，避免灯具外露的情形出现。垂直开口尺寸建议比（a）做法更大，建议在 200mm 及以上的尺寸，可以让光在天花呈现更均匀柔和的效果

02

住宅空间

住宅空间

2.1　住宅空间概述

2.1.1　住宅空间界定

　　人们的生活条件不断改善，但对住宅的态度从未改变，当回归初心和居住本质时，我们真正需要的仍然是一个"家"，一个可以给我们安全感、包容性的居所。住宅的种类随着时间的推移不断演变，主要分为普通住宅、公寓式住宅、复式住宅、跃层住宅、别墅等。而这些不同类型主要体现在面积、层高、层数及布局等几个要点上（图2-1）。

图2-1　不同类型住宅

2.1.2　住宅空间照明意义与目的

营造舒适的居家氛围；
提供便捷可控的灯光；
塑造多层次的光环境；
满足个性化的光环境需求。

2.1.3　住宅空间照明要点

住宅照明应根据住宅空间功能分区，满足使用者的休闲娱乐、饮食起居、阅读学习等行为所需的光环境。同时在光的使用上应考虑并结合不同的室内装修设计风格，进一步增强居住的舒适性和满足家庭成员的视觉感受与特定的功能需求。

在玄关、客厅、餐厅、厨房、走廊等住宅空间公共区域的光环境，应考虑视觉上的统一性，同时满足灯光设备操作的便捷性。同时可设置智能控制设备塑造多元化灯光场景，满足单一空间的多种行为需求与氛围变化。而在卧室、卫浴等私人空间，应征询并满足每个空间的私人使用需求，并应考虑不同家庭成员的年龄、习惯提供合适的光环境。老人房与小孩房应考虑提供较充足的照明，而青壮年则除了基本功能的满足外，可更多考虑氛围的营造。

2.1.4　住宅空间照度、色温需求概述

住宅空间不同于其他类别空间，有特定的使用者和需求，根据居住者的喜好、设计风格、地理位置等要素，在色温及照度要求会有较大的差异，但总的来说，色温建议在2700～4000K的范围内较为合适。一般来讲暖色调能呈现更为舒适及放松的居住氛围，可使用3000K作为空间光环境的色温基调，而在独立厨房、储藏室、洗衣房、车库等以使用为主要功能的次要空间，建议采用4000K的色温，使空间的光环境显得更为明亮、整洁。厨房如具有一定的展示功能，则可考虑使用与主空间一致的暖色光。影音室、雪茄红酒区等娱乐性质空间，则可采用2700～3000K暖光作为基础照明，并搭配局部装饰彩光照明以丰富空间的视觉体验，进而创造多种灯光氛围。

住宅空间的照度要求，应根据使用功能需求的不同，把平均照度设定在50～500lx之间。客厅建议根据不同时段及功能需求设定不同明暗度的场景变化。餐厅的照度建议打造包括环境、功能、装饰三个层次的灯光，地面有基本的光环境，餐桌等使用面或工作面应提供重点照明，同时采用装饰灯具塑造成为视觉中心。储物室、洗衣房、设备房、车库等空间，则建议采用均匀的灯光，平均照度介于100～400lx之间。

2.2　住宅空间照明方式与手法

根据不同的空间功能和性质可将住宅分为玄关、客厅、餐厅及厨房、书房、卧室及衣帽间、卫浴间、影音室、其他空间（走道、楼梯间、储物室）等。

2.2.1 玄关

玄关是进入住宅的第一个功能空间，也是住宅给人的第一印象，是室外与室内的过渡空间，同时玄关还具备收纳及日常出门仪容整理的功能。玄关根据住宅类型和室内空间大小及布局的不同也会呈现不同效果与作用，照明设计也随着面积及功能不同有所差异。

空间小的玄关可采用天花筒射灯、吸顶灯或线型灯槽提供基础照明，另搭配射灯等重点照明强调艺术品。而穿衣镜可自带灯光或由天花灯具提供重点照明以满足立面照度（图2-2）。除此之外，收纳柜台面及不落地柜子下方凹龛可设置线型灯具提供功能使用需求。应注意的是当地面采用石材或高光地砖时，应考虑灯具遮挡，避免二次眩光或看见裸露灯珠（图2-3）。

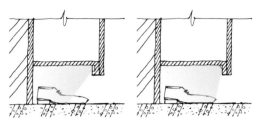

灯具隐藏安装　　　　灯具45°角安装
图2-3　鞋柜凹龛灯具安装节点

相对于小户型玄关的功能最大化，大平层的玄关除了满足基本功能外，会更强化空间的设计感和质感，因此灯光应更多考虑与室内设计及软装设计风格的搭配。由于空间相对较完整，面积也比较大，可在顶部设置线型灯槽提供基础照明，以呈现玄关的整体设计风格与装修细节，再利用射灯作为重点照明，强调艺术品及空间中的家具与摆饰等软装设计元素（图2-4）。

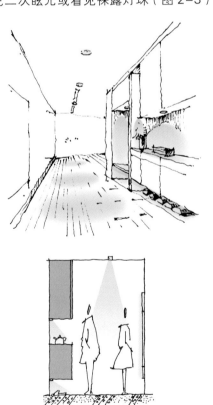

图2-2　小空间玄关灯光示意图

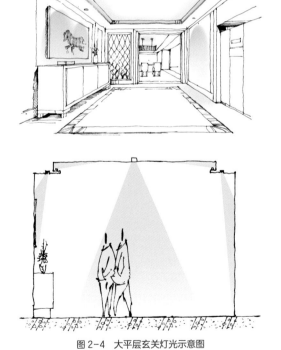

图2-4　大平层玄关灯光示意图

对于空间较高的玄关，墙面可增加装饰壁灯，并在吊顶增设装饰吊灯，以增加空间的视觉焦点与华丽感（图2-5）。

图2-5　高挑空玄关可搭配装饰灯具

相较于大平层住宅，别墅的玄关更为华丽或在气势上更胜一筹。灯光应体现别墅玄关的气势与强化室内装修风格，不少别墅玄关为双层挑高的空间，因此完整的装饰主吊灯是个绝佳的选择，同时根据空间形状搭配线型灯槽以形成空间的整体氛围，最后搭配射灯打造空间层次多变的光环境（图2-6）。

不管何种玄关，多回路控制都是个不错的选择。亦可在入户门内增设人体感应设备，开门的瞬间自动亮灯，或设置场景控制系统，以满足不同时段的需求和不同活动的功能需要。

图2-6　别墅玄关灯光示意图

2.2.2　客厅

客厅是家庭成员日常活动、宾客来访接待的重要场所，属于住宅空间的核心区域。客厅属于多功能使用空间，别墅和大平层住宅客厅功能相对固定，而中小户型则考虑到空间的利用率，客厅会承载着更多的使用功能。客厅的灯光设计应与家庭成员做好充分的沟通并掌握每个成员对空间不同机能的需求做好完整的照明计划。除此之外，还应充分考虑客厅的空间尺度、布局、装修风格、材料及自然采光等要素。

中、小户型住宅

中小户型客厅的复合功能相对是较多的，包含休闲、阅读、会客等功能，而小户型甚至包含了餐厅的功能。因此，客厅灯光应由不同的灯型、布局及控制回路组成。

沙发区域：不同格局的住宅，客厅的家具布局也多有不同，但基本以沙发区为中心，并与电视墙围合成一个相对完整的空间。灯光设计应重点考虑此区域的整体光环境，可以是整体均匀的光环境也可以是在相对均匀的光环境下加强中心位置的照度（通常是茶几的位置）。但忌讳四周环境亮而中心区域暗的灯光布局。

中小户型客厅天花一般较低，在主灯设置上建议以吸顶装饰主灯为主，既保有主灯的华丽感又避免装饰吊灯对视线的遮挡。也可以考虑无主灯的设计风格，让空间更为简洁。如天花高度允许，可考虑结合间接照明，以线型灯槽的形式相互搭配。最后针对空间中心、视觉焦点及需要强调的位置或物件设置射灯等重点照明（图2-7）。整个区域还可以搭配台灯及落地灯等造型灯具营造家居的光影氛围，让整个空间看起来不再单一，而具有层次感。

（a）无主灯

（b）有主灯

（c）搭配墙面灯光

图2-7 客厅灯具不同布置方式示意图

主背景墙：大部分住宅空间设有主背景墙作为电视摆放区域，应避免直射光在电视上产生不必要的眩光，可在电视背景墙两侧采用线型间接光强化背景墙，同时也可避免对电视屏幕的干扰（图 2-8）。

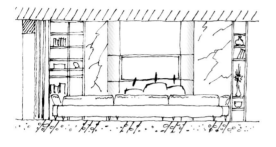

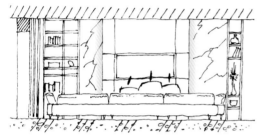

图 2-8 客厅背景墙间接灯光示意图

除此之外，中、小户型常见客厅与餐厅在一个空间里的情形，当空间不大时需注意避免客厅和餐厅同时设置主灯的情形而形成拥挤的感觉。另外应考虑整体空间调性的一致。在色温的选择建议两个区域一致，避免一冷一暖的色温搭配（图 2-9）。

图 2-9 客厅与餐厅结合空间

大平层（大户型）住宅

大户型的客厅灯光设计处理手法上基本与一般户型类似，但由于面积较大，可能形成不止一处的沙发区域或使用区域（例如茶艺桌区域），除了整体光环境的统一性外，建议设置照明控制设备以满足不同区域光环境的分区使用（图 2-10）。

别墅

别墅客厅多以跃层形式出现，空间高度在 6 ~ 10m 之间，可考虑与室内吊顶造型搭配，设置线型灯槽围合出完整的客厅空间，同时作为一部分的环境照明。此外，建议在吊顶设置大型装饰吊灯，形成空间的视觉焦点，也让空间更为丰富。在

图 2-10 大平层（大户型）住宅客厅

无主灯的风格设计上，则可保留线型灯槽或设计成线型反灯槽，并搭配射灯以满足功能需求。此类无主灯设计一般空间较为简洁，可增设壁灯或采用造型落地灯及台灯等装饰灯具来搭配室内风格（图2-11）。

图2-11 不同风格的别墅空间

需注意的是应避免空间过高，担心不够亮而在吊顶设置过多的射灯而影响了空间的视觉感受。另外在灯具选择上应避免使用筒灯等大角度的灯具，可根据天花高度和被照物大小等要素选择可调整照射角度及合适的光束角射灯。

别墅客厅除了基本使用外，更多时候包含了展示功能，以满足主人会客、宴客等需要。主背景墙作为空间中最主要的视觉焦点，在设计及材料挑选上也相对讲究，它可视为单独的艺术品，也可作为大型艺术品的背景呈现。因此灯光应根据主背景墙的尺寸、材质与造型，采用重点照明或是洗墙的方式来表现。另外可搭配线型灯槽作为背景墙的辅助照明。

挑空客厅灯具选择与安装

（1）两层挑高客厅在装饰吊灯的选择应考虑俯视角度，避免选择在二楼位置能看见吊灯内部结构的灯具（图2-12）；

（2）斜面吊顶应避免安装嵌入式不可调角射灯，造成眩光（图2-13）；

（3）裸顶天花建议采用明装装饰灯、射灯或表面固定式轨道灯；

（4）表面固定式射灯和轨道灯应注意灯具的防眩，灯具可加装蜂窝网或十字格栅等防眩光配件。

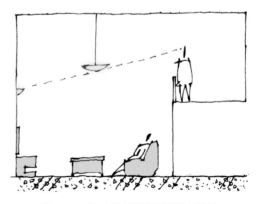

图2-12 挑空客厅应避免看到灯具内部结构

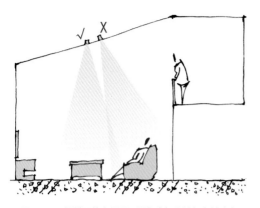

图2-13 倾斜天花应采用可调角度灯具避免直射眩光

2.2.3 餐厅及厨房

餐厅为家庭就餐的主要场所，也是宴请亲友的活动空间。按室内布局形式可分为：独立餐厅空间、厨房餐厅连通空间和餐厅客厅连通空间（图2-14）。

不管何种布局的餐厅，餐桌都是空间的主体，也是空间中最主要的区域。餐桌上方可考虑采用主灯搭配重点照明的方式或是重点照明搭配环境光的方式来强化此区域的氛围。

使用装饰吊灯作为餐桌主照明时，应选用直接或半直接照明灯具，也就是吊灯本身为下照直射光或带有部分晕光的灯具，使得大部分灯光都能落到桌面上。此做法需注意吊灯底部距离桌面高度应在1000mm以上，可以得到很好的用餐效果同时也不会遮挡住人的视线；如选用的装饰吊灯以间接、半间接照明或漫射照明等不以照射桌面为主的灯具，天花应该增设射灯提供桌面的重点照明，此部分需要注意射灯与吊灯大小及安装高度的关系，避免吊灯挡住了射灯照射位置而在桌面形成

大量的阴影。当然根据风格还可以采用无主灯的设计，使用射灯提供桌面的照明，也可再搭配天花灯槽作为基础及氛围的照明（图2-15）。除此之外，应对餐厅的装饰柜、艺术品、壁画等，增加重点照明以烘托空间气氛。

（a）独立餐厅

（b）餐厅和厨房一体空间

（c）餐厅和客厅一体空间
图2-14 不同组合类型的餐厅

（a）下照装饰吊灯

（b）间接或漫射装饰吊灯+射灯

（c）射灯

图2-15　餐桌区灯光布局示意图

图2-16　独立式及开放式厨房

　　餐厅的空间照度范围建议在150lx左右，而餐桌台面的照度以不低于400lx为原则。

　　厨房主要以备餐为主，但有时候也是家庭成员情感交流的场所。根据空间布局可将厨房空间分为独立式厨房和开放式厨房（图2-16）。

独立式厨房空间包含以橱柜围合的操作区域及中间活动区域，灯光可以筒灯为主，提供均匀明亮的环境照明，操作台面则应有独立的功能照明提供台面操作所需的照明，可在吊柜底部采用线型灯具或配合家具风格采用多个小型吸顶灯具提供台面所需的功能照明（图2-17）。

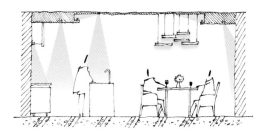

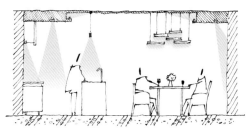

图2-18　开放式厨房灯光布局示意图

图2-17　厨房灯光布局示意图

开放式厨房多属于西式厨房，常与餐厅或客厅连接在一个空间。除了沿墙面的橱柜外，常伴随着中央岛区或餐桌联结一体的中央岛区。此类空间更重视空间设计感与视觉感受，橱柜通常还带有一定的展示功能，因此灯光除提供操作台所需的功能照明，还可设置射灯或线型灯具提供橱柜立面一定的照度，以体现橱柜的质感。

中央岛区一般扮演了厨房部分操作区的功能，同时也提供了交流沟通与就餐等功能，此部分可采用线型装饰吊灯或结合射灯提供氛围灯光及桌面所需的照度（图2-18）。

厨房色温建议在3000 ~ 4000K之间做选择，一般独立厨房更多以操作为主，且与其他空间隔开，色温可设为4000K，而开放式厨房则应考虑与整体空间色温保持一致，色温以3000K为主。

2.2.4　书房

书房是住宅空间中学习、阅读、工作的场所（图2-19）。书房的组成一般为背景书柜及独立书桌两个主要部分。书房应有均匀的环境光，可采用间接照明，设置线型灯槽。如天花高度不允许，则可采用吸顶灯形式来提供基础照明，桌面应提供重点照明，可选择采用反射器防眩光效果较好的筒射灯，以减少眩光。

图2-19　书房灯光

书柜扮演了背景墙的装饰功能及书籍陈列的使用功能。当装饰功能大于使用功能，则可采用线型灯具内嵌书柜的做法（图2-20），也可以搭配射灯的外打光补充书柜立面照度。

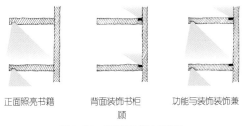

正面照亮书籍　　背面装饰书柜　　功能与装饰装饰兼顾

图 2-20　书柜灯带做法示意图

当书桌为靠墙设置的形式时，书柜通常以吊柜的形式呈现，可在吊柜下方安装线型灯带，以提供桌面所需的照明（图2-21）。如条件允许，则可同时设置冷光和暖光两种不同色温的线型灯带或采用具备 3000～5000K 范围的可调色温灯带，以满足不同使用需要。

书房中如有电脑，应考虑灯具安装方式、位置及形式，避免强光反射电脑屏幕，造成使用者的不适或看不清画面。

图 2-21　靠墙书桌灯光布局示意图

2.2.5　卧室及衣帽间

卧室是让疲劳的身心得以休息，养精蓄锐的场所。同时也是最具私密性和安全感的空间。一般活动所需的照度为 100lx 左右。间接照明作为卧室整体照明的一种重要形式，可于天花采用线型灯槽提供基础照明，避免人躺下时直射光进入眼睛，也可以在床头板位置设置上照线型灯带，以间接照明的形式形成不同的光环境与氛围。还可以在床头两侧或床头柜位置设置桌灯、壁灯或吊灯等装饰灯具，形成柔和的漫反射光环境（图2-22）。

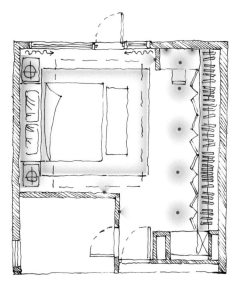

图 2-22　卧室灯光点位布置图

针对阅读、化妆等特定功能区域，桌面照度建议为 300lx 左右，以筒射灯做为主要照明灯具。化妆区域应考虑被照面的立面照度，避免脸上有明显的阴影而影响化妆及仪容整理。可根据化妆镜的设计风格设置一体化的线性灯光或采用装饰壁灯（图2-23）。阅读、休闲座位区可另设立灯，提供此一角落的温馨氛围（图2-24）。

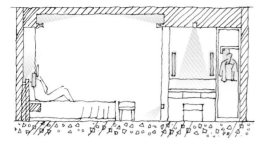

图 2-23　卧室及化妆区灯光布局示意图

图 2-25　衣柜灯灯光布局示意图

图 2-24　卧室阅读休闲区可设置装饰立灯

一般衣柜外的灯光都不足以提供所需的衣柜内照明功能，因此建议于衣柜内靠外侧位置设置线型灯带或吊衣杆与灯具一体化的方式，并搭配门片感应设备，以达到打开衣柜门就能亮灯并看清衣物，方便拿取柜内物品（图 2-25）。

另外，卧房内建议设置夜灯，以满足起夜需要，如床头柜与地面有空隙，可于床头柜柜体下方设置夜灯或是在起夜线路上的墙面设置嵌入式夜灯，高度约 500mm 左右（图 2-22、图 2-23）。

老人房应尽量采用均匀照明，例如天花灯槽、吸顶灯等表面发散漫射光的结构或灯具，照度也应该高于一般卧室，建议一般活动照度为 200lx 左右，阅读等活动为 500lx 左右。

儿童房应考虑到儿童活动的安全性问题，要避免孩子能够直接摸到灯具光源；尽可能少用落地式灯具，避免孩子被砸伤及触电，房间内应尽可能保持明亮，避免出现阴影，建议一般活动照度为 200lx 左右，阅读等活动为 500lx 左右。

一般较大的卧室空间都会有独立的衣帽间。衣帽间主要作为卧室收纳、更衣和梳妆等使用功能。空间中应有均匀的基础照明，主要考虑来自于天花的装饰、功能灯具或采用间接灯槽搭配射灯的手法。立面开放衣柜则建议设置线型灯带提供衣物所需的照度（图 2-26）。

图 2-26　衣帽间灯光布局示意图

2.2.6 卫浴间

卫浴室是除卧室外另一个极具私密性的空间。灯光应以柔和均匀为宜，盥洗台面应由天花提供重点照明方便使用者的使用与视觉感受，另外墙面镜子可搭配装饰吊灯、壁灯或镜子灯具一体的镜前灯，以满足仪容整理的功能同时也可更好的体现装修风格。浴缸、淋浴间及厕所处可采用线型灯槽并搭配嵌入式射灯，以满足功能需要。最后应注意的是淋浴间及浴缸灯具应采用防水等级 IP44 的灯具（图 2-27）。

图 2-27　卫浴室灯光布局示意图

2.2.7 影音室

家庭影音室是居住者对品质生活的一种追求，是全家娱乐放松的休闲场所（图 2-28）。

图 2-28　家庭影音室

家庭影音室根据使用顺序可分为观影前、观影中及观影后等几个阶段。因此灯光设计应能满足这几个不同时段的需要。空间基础照明以均匀、柔和为主，可于天花设置筒射灯或线型灯槽，也可根据室内风格在墙面设置壁灯等艺术灯具烘托空间氛围。如地面设置了高低差，则应于墙面设置踢脚灯或于阶梯安装线型灯带，以保证观影时的行走安全。

在观影阶段由于室内灯光基本调暗，可考虑在天花提供第二套灯光装置增加趣味性。例如由光纤点组成的星空或是灯槽在基础暖光外加装一套彩色线型灯带等做法（图 2-29）。

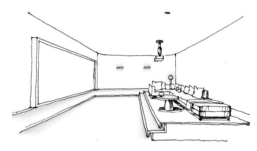

图 2-29　影音室灯光布局示意图

家庭影音室属于一个复合使用的空间，除了观影模式外，还会有不同的模式需求，例如，欢唱模式、娱乐模式及清洁模式等，建议采用灯光控制系统，以设置不同的场景模式来满足各种模式的使用需求。

2.2.8 走道及楼梯间

走道和楼梯是连接住宅内各空间水平和垂直行动的区域。该空间照明主要以引导性和安全性为主。因此在照度要求上不应超过主要使用空间。

走道一般都属于封闭且狭长，因此灯光在满足基础照明的同时，可以采用角度较大的筒射灯、线型灯带或灯槽照亮墙面以减少走道的封闭感。如墙面有挂画则可增设射灯，在强调艺术品的同时也提供了走道所需的照度。狭长的走道应能清楚辨识尽头处，可通过提亮走道尽头区域或打亮端景的方式来处理。

走廊也应具备起夜灯光功能，可通过上述灯光做法搭配调光控制系统，达到夜间走道调控为低照度的效果，亦可设置感应式踢脚灯作为起夜灯光使用（图2-30）。

楼梯区域一般较为封闭。灯光应优先考虑安全性再考虑美观性。可在楼梯侧墙设置踢脚灯，但在楼梯起始的平台处应有较高的照度区域保证行走安全，可在此处设置筒射灯或壁灯。当然也可采用扶手灯带或天花灯带等不同手法来搭配简洁的设计风格（图2-31）。

下照筒射灯

间接灯槽

线型灯带及夜灯

图2-30 走道灯光布局示意图

图2-31 楼梯不同灯光布局示意图

2.2.9 常用灯具

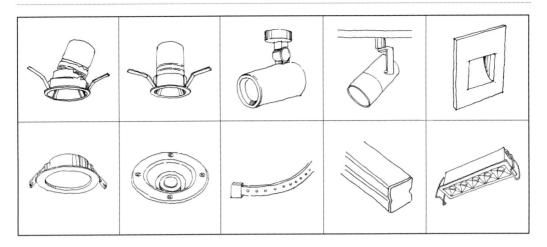

2.3 案例分析

2.3.1 重庆棕榈泉别墅

好的设计是将艺术变成生活的舒适感，被触碰以及被感知。本项目为一套 $500m^2$ 的大平层，设计为轻奢加简约的混搭风格。

入口为开放式玄关，采用波纹护墙加金属边框，用香槟色的色调作为空间的组合，仪式感较为强烈。玄关在灯光上的考虑最多的是明暗有序以体现空间的层次感。玄关的左侧是精心挑选的一幅名师抽象画，一束光，让画的立体感立刻呈现。

玄关之后则进入了主要的空间，整体空间设计是客厅、中厨、西厨、休闲区为一体的超大面积公共区域。客厅的大落地窗，在白天将自然光引入室内，而在夜幕降临之后，装饰主灯及灯槽、射灯所组成的灯光系统，打造了空间的层次，也使得空间变得明亮而有质感，客厅搭配智能控制系统，根据使用需要及心情打开不同的场景模式，体验不同的氛围。

客厅旁的中餐厅采用大圆桌，灯光以装饰吊灯为主，并搭配嵌入式射灯满足桌面用餐需求。天花及四周墙面以间接灯槽补充空间的环境光，并透过灯光控制系统，满足不同的用餐需求。

西餐厅做法与中餐厅相似，但主灯根据餐桌形式采用线型装饰吊灯并搭配嵌入式可调射灯以满足装饰效果与功能需求。

餐边柜同样以嵌入式可调射灯加以强调，形成另一个视觉焦点。

休闲区适度的控制环境照度，嵌入式射灯营造出沙发区的舒适及放松的空间氛围，坐下来静静的品一口红酒，抽一支雪茄，放一首喜欢的歌，让人沉浸在这柔和放松的光环境之中。

主卧室作为我们私密的专属空间，以暖色的材质作为空间主调，透过天花及窗边间接灯光营造出柔和的环境光，床头则采用重点照明强调床品，最后考虑开关回路的合理设置或采用智能场景控制设备，来营造最舒适及最有氛围感的私密空间，让卧室不只是休息的地方，同时也是值得细细品味的地方。

家是一个温馨而舒适的空间，每一个人都想特别对待。有仪式感、简约而奢华、温馨又舒适。

03

餐饮空间

03

餐饮空间

3.1 餐饮空间概述

3.1.1 餐饮空间界定

餐饮空间是食品生产经营行业通过即时加工制作、展示销售等手段，向消费者提供食品和服务的消费场所。餐饮空间种类繁杂，例如常见的餐馆、咖啡厅、茶馆、火锅店、面包房、餐吧、小吃店、快餐店、食堂等皆属于餐饮空间范畴。以餐饮空间的经营特点和文化特征划分可分为以下几大类：

正餐类

主要代表一个地域的主流、正式的且成体系的菜系餐品；它可以是保持传统的，也可以是经过融合创新的。主要作为婚丧嫁娶、社交礼仪等重要或正式活动的宴请，用餐时间长、社交内容比重大。中餐中的八大菜系、西餐、日本料理餐及创意餐等皆属于正餐类，判断是否为正餐类餐厅主要根据消费的水平以及就餐时间的长短等要素来决定（图 3-1）。

图 3-1 杭州未田餐厅

新消费（创意）餐饮类

新消费餐饮主要出现于近几年，是消费文化升级的产物，多以年轻人为主要消费群体，店内布局多为 2 ~ 4 人桌，或间杂可移动拼桌的方式，较少有包厢配置，菜品通常是以一种风格餐饮为主体，借鉴融合其他餐饮的特点而形成自己特色的餐饮类型，特征是连锁经营居多，上菜及就餐时间快，装修有特色，且比较符合现今大众的消费水平（图 3-2）。

快餐类

上述正餐类以外的类别都可划分到快餐类，例如：连锁中、西式快餐及简餐店、特色小吃等。

主要以某类单品及系列单品为主的餐点，无法作为重要宴请活动的场所。这里介绍的以连锁的中、西式快餐为主，例如：麦当劳、肯德基、永和大王和真功夫等可快速点餐并制作的餐厅（图 3-3）。

图 3-2　GO 辣餐厅

图 3-3　肯德基

饮品类

主要以饮品为主体、但兼顾简单餐点的功能。以快饮店、茶馆、咖啡厅为代表。此类空间以休闲及社交功能为主，快饮店注重效率，休闲类空间则注重体验感，有其独特情调与空间氛围。例如：喜茶、星巴克等（图3-4）。

其他

其他类以甜品店、创新饮品等为主，也是近年来发展最为迅速的一类餐饮空间。营业面积小为其特点，客群以年轻人居多，消费时间短（图3-5）。

图3-4 喜茶

图3-5 八品脱

3.1.2 餐饮空间照明意义与目的

塑造品牌形象，建立品牌可识别度；
营造餐饮空间氛围，提升就餐体验感；
强化食物特色，增加店铺吸引力。

3.1.3 餐饮空间照明要点

不同的餐饮类别有不同的照明要求，灯光应先根据餐饮类别、品牌形象、餐品特色等作为主要的设计考量。增加品牌的可辨识度并营造合适的就餐氛围，进而引导消费者进来就餐的意愿。

餐饮类是最注重色香味俱全的空间类别，灯光除应着重空间特点，营造出合适、有特色的空间灯光氛围外，更重要的是能将菜品更为完美的呈现在消费者的餐桌上。因此对于餐饮空间的明暗对比度的掌握尤为重要。

3.1.4 餐饮空间照度、色温需求概述

餐饮空间主要为近距离服务尺度，需要关注就餐顾客的心理需求。比如在需要强调食物品质或就餐感受的餐饮空间，色温以暖色调的 2700 ~ 3000K 为主。照明氛围以重点照明为主，着重于烘托就餐的环境气氛。通常桌面照度为 200 ~ 500lx 之间，环境照度比不低于 1：3。

像快餐厅这类需要快速翻台的餐厅，则应该提供较高的色温，色温在 3500 ~ 4500K 之间，照明氛围以明亮开敞的环境为佳。通常桌面照度不低于 400lx，环境照度比建议不高于 1：1.5。

但色温和照度的使用原则也不是一成不变的，在一些个性化的餐饮空间，如前文所述的新消费类餐饮，也可以根据环境要求调整色温、照度及照度对比度。需要注意的是菜品要看起来好看、好吃，因此对食物的显色性要求较高，显色性应不低于 Ra 90，如此更能凸显食物的色泽和质感。另外，在较为高档的餐厅中，可采用装饰灯具作为主照明或氛围照明使用，但应注意整体用餐空间的色温一致性。

3.2 餐饮空间照明方式与手法

餐饮空间根据功能分区分为外部形象展示和内部空间塑造两大区域，每个区域根据使用方式可分为不同的细分空间，灯光应该考虑这些空间的功能需求来进行合理的照明设计。

3.2.1 外部形象展示区域

品牌的能见度是所有餐饮空间必须考虑到的第一个要素，因此店招标识以及透过外部能窥见的门头、门厅、接待处等空间和物件构成了整体的外部形象。而外部形象的灯光应考虑光影形式、亮度及光色等要素的和谐统一，掌控好照明的节奏以暗示店铺的消费类型和档次，并有良好的识别度及引导性。

门面

门面是餐厅接待客人的第一空间，门头的被重视程度通常根据餐厅的档次而递增。餐厅的门头一般由店招（Logo）、背景墙、接待台、等候区等组成。作为吸引顾客的第一位置，灯光需要有效的搭配环

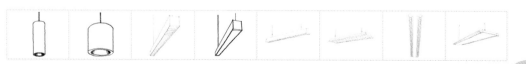

境光与重点照明，形成空间的张力，进而吸引顾客。

该区域的照明重点在垂直面，应利用灯光强化背景墙及 Logo。在考虑背景墙灯光时，应考虑 Logo 字的表现方式采用合适的照明手法，Logo 一般可分为表面自发光、背发光及外打光等几种呈现方式（图 3-6）。

门厅

门厅空间的重点在于欢迎气氛的营造（图 3-7），除空间的氛围营造外，灯光应优先考虑接待人员面部的呈现，并对桌面提供功能所需的工作照明或采用装饰桌灯补充的手法。如果有背景墙，对背景墙的强调也可起到拉伸空间的效果（图 3-8）。

（a）自发光

（b）背发光

（c）外打光

图 3-6　店招（Logo）灯光形式

图 3-7　门厅空间的灯光塑造

图 3-8　门厅接待台灯光布局示意图

等候区

很多餐厅的外部区域或者门厅位置，会在等候区设置卡座或散座。照明氛围需要温和雅趣，能让客人耐心的坐下来。基础照明应根据此空间的风格来调整明暗对比程度，并搭配重点照明或装饰灯具来营造轻松交谈、游戏的等待空间氛围，应避免环境光均匀度或环境照度过高而产生的空间倦怠感（图3-9）。

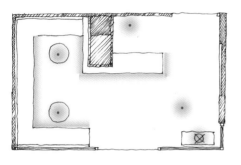

图 3-9 接待区灯光点位布置图

3.2.2 内部氛围塑造区域

根据空间的使用方式及类型，餐饮空间一般可以分为开放就餐区、包厢、宴会厅、明档及自选区、走道等。根据不同的空间属性，需要根据餐厅的不同档次，采用不同的照明方式。

1. 开放就餐区

开放就餐区作为餐饮空间最重要的一个区域，主要由靠墙且家具固定的卡座区及桌椅可以随意移动的散座区所组成。此区域需根据不同的餐厅定位及布局采用不同的照明方式。

新消费（创意）餐饮类

新消费餐饮类对开放就餐区的利用非常重视，翻台率是该类型餐饮空间的利润重点，对开放区的设计重点在于根据客群使用特点设置不同座位数的餐桌及考虑拼桌的桌椅位置调整功能。而为了便于管理，该类型的餐厅还会分割成不同的区域。空间装修的重点在于对环境设计元素的利用，照明手法可利用这些特殊的构造或元素来完成空间照明关系的诠释。

桌面照明是餐厅中最重要的部分，对餐桌面的照明，应该根据桌面大小和就餐人数来设置。色温建议在2700～3500K之间。根据就餐人数的不同，对桌面的照明方式则有不同变化，一般桌面深度为70cm左右，以2～4人方桌或长条桌为主，可设置射灯或采用下照的装饰吊灯来满足桌面的功能及氛围照明，此类装饰吊灯无需额外补充照明。如装饰吊灯以漫射光为主，则建议增设射灯补充桌面照度（图3-10）。

图 3-10 餐桌采用下照装饰吊灯或吊灯结合下照射灯做法

根据餐桌的使用和氛围的营造，餐桌照明方式可归纳为下照装饰吊灯、间接或漫射装饰吊灯+射灯以及射灯等三种类型（图3-11）。

同时可搭配装饰壁灯及吊灯等灯光元素与室内设计风格相结合，在提供视觉焦点同时满足灯光功能与氛围双重效果（图3-14）。

（a）下照装饰吊灯

（b）间接或漫射装饰吊灯+射灯

图3-12 线型装饰吊灯

（c）射灯

图3-11 餐桌区灯光布局示意图

如考虑桌椅布局的灵活性，需要拼桌等局部位置微调，可以利用长条形的装饰吊灯替代单点装饰吊灯（图3-12）。

新消费餐饮很重视环境氛围的营造，可利用连续的背景墙（图3-13）、立面隔断、家具等设置灯光以丰富视觉层次，

图3-13 利用背景墙营造氛围

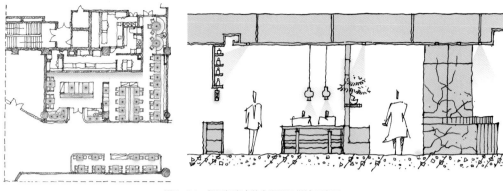

图 3-14 餐厅灯光点位布置图及做法示意图

正餐类

正餐类餐厅通常不会有太大面积的开放空间，在中餐类餐厅中，比起新消费（创意）餐饮类特征是桌子更大，一般为直径或边长在 80 ~ 100cm 的圆桌或方桌，以配合正式餐饮场合更大、更丰富的餐具摆放需求。相较新消费（创意）餐厅，中餐的正餐厅更多地承担了多人的社交需求，需要给予桌面更高的照度水平，以装饰吊灯结合射灯的方式来设置（图 3-15），建议桌面照度不低于 400lx，色温可以选择 3000 ~ 3500K。

西餐厅的开放区，虽然同样具备交际的功能需求，但是更倾向于营造私密安静的就餐范围，桌面的照度一般建议在 200lx 左右，色温建议为 2700 ~ 3000K 之间，多使用吊灯或者壁灯等装饰性灯具，或者辅以射灯提供桌面及艺术品等的重点照明，空间中整体呈现低照度、高对比度的照明氛围（图 3-16）。

图 3-15 开放就餐区

图 3-16 西餐就餐区

快餐类

照明方式以均匀照明为主，以筒灯均匀布置或筒灯结合均匀布置的吊灯等方式，可以根据空间特性选择3000 ~ 4000K 之间的色温，一般桌面照度多介于 300 ~ 500lx 之间。由于快餐类空间流动性大，场所利用弹性大，活动家具布局变动可能性也比较大，灯具和家具的关系并不需要一一对应，装饰灯的作用更多是对应空间分布，而不是根据特定桌子位置来排布（图 3-17、图 3-18）。

图 3-19　快餐点餐柜台

图 3-17　西式快餐厅（肯德基）

图 3-20　自选取点餐柜台

图 3-18　校园快餐厅

快餐类和自助类的开放区，除了就餐区，还有取餐和结账区域，这部分的照明水平需要高于就餐区，给予较高的照度以方便点餐和取餐（图 3-19），而自助类点餐除了重点照明外，可以采用局部柜内照明的方式（图 3-20），显色指数应不低于 Ra90，特殊显色指数 R9 则不应低于0，可以帮助更好地表现菜品的色泽。另外，招牌可采用自发光的点餐牌，或采用重点照明外打光的方式，帮助辨识菜单，方便顾客点餐，采用外打光时应避免反射光所产生的眩光而看不清点餐牌。

饮品类

一般大众消费饮品类店铺的开放区可以理解为包含操作售卖区的开放区域。就餐区的尺度通常比较小，也就是我们通常所说的亲密就餐尺度，所采用的桌子多为直径或边长在 50 ~ 70cm 之间的圆桌或方桌，属于即买即走，不鼓励长时间逗留的空间，因此对照明设计的需求以均匀照明为主，可采用筒灯或线型灯具，色温为3000 ~ 4000K 之间。照度则可在 350lx 或以上标准，建议保持较高均匀度（图3-21）。

图 3-21　饮品店

图 3-22　前台操作区

操作区由于是对外开放，需要表现整洁明亮的整体形象（图 3-22），可在操作区天花采用大角度的筒灯、射灯、线型灯具、吊灯等为工作台面提供较高且均匀的照度水平，一般要求 400lx 以上，立面则应重点表现墙面的饮品单，同时应需避免收银接待人员的面部形成阴影（图 3-23）。

2. 包间

餐饮空间中另外一个重要的区域就是包厢，尤其是在中式餐厅，家庭聚会、多人聚会均以包间为主要选择，某些餐厅甚至只有包厢和宴会厅，宴会厅照明与酒店空间有高度相似性，此部分将不在此详述，可参见酒店空间的相关内容。

高规格的包间通常由餐桌区、休闲区、备餐间及卫生间组成，有些传统包间还设置有游戏娱乐（麻将）区。色温建议为 2700 ~ 3000K 之间，照度则在包间中不同区域有所区别。一般环境照明在 150lx 左右（图 3-24）。

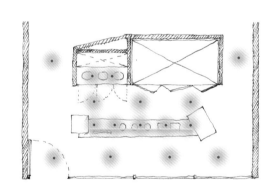

图 3-23　操作区灯光点位布置图及做法示意图

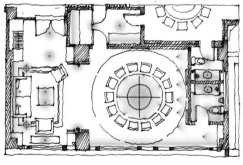

图 3-24　包厢灯光点位布置图

包厢的桌子通常以满足 8 ~ 20 人使用的圆桌为主，桌子中间的吊灯装饰的作用一般大于照明的作用。所以在桌子转盘与菜品的上方建议单独设置射灯，一般以 2 个座位设置一个灯具为原则，桌面照度建议不低于 400lx。在选择灯具光束角及确认安装点位时应考虑空间及吊灯安装高度，同时考虑吊灯的直径，避免吊灯过大导致射灯的照射范围受到遮挡而在桌面或人脸形成阴影（图 3-25）。

包厢休息区主要由沙发组、茶几和背景装饰画组成，照明氛围要求温馨舒适，茶几照明可以通过天花装饰吊灯或射灯照亮，桌面照度建议在 150lx 左右。背景墙应根据内容采用合适的照明手法，墙面有挂画或艺术品建议设置射灯提供重点照明，而软包或整体画面的背景墙则可考虑采用洗墙灯或射灯整面打亮，但应控制此部分的明暗度，避免抢了餐桌区的风头。除此之外还可设置落地灯或台灯作为装饰照明，以增加空间氛围（图 3-26）。

图 3-26　包间休息区灯光氛围

备餐间主要是为服务人员配置，内有柜台（放置餐具和菜品）、临时处理台、水槽等。照明需要均匀明亮，设有吊柜的备餐间建议在吊柜下方设置线型灯带以提供台面所需的功能照明（图 3-27）。此区域一般工作面照度建议不小于 300lx，色温为 3000 ~ 4000K 之间。

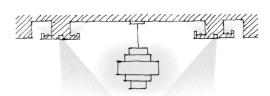

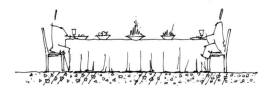

图 3-27　备餐间灯光布局示意图

3. 明档和自选区

随着餐饮业的发展，健康、新鲜已经成为重要的餐饮文化，一些品牌餐饮将操作区搬到明档处，将制作过程直接呈现给顾客，此区域的照明既需要强化展示也需要满足操作的需求，因此高照度、低对比度的开敞明亮照明方式成为主要选择，可在操作台上方采用大角度筒灯提供所需的环境照明，在取餐台区域根据灯具安装高度选择中、窄光束角的射灯进行重点照明。取餐台上方如设置有装饰吊柜与陈列艺术品时，应事先考虑射灯与吊柜的安装节点。并应提供艺术品所需的灯光，此部分可采

图 3-25　包间餐桌灯光布局示意图及效果

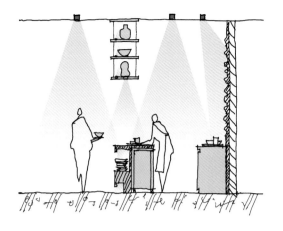

用线型上照灯带或自发光层板等手法。色温建议为 3000 ~ 4000K 之间，但应与相邻的开放就餐区色温统一。取餐台照度建议不低于 500lx（图 3-28）。

自选区主要作用为展示陈列，并要求便于顾客的食品选取，在自助餐厅中，该区域是重要表现区域，对该区域有多种手法展示，直接的射灯照明、灯带照明、保温灯照明、装饰吊灯照明等都可以用在这里，根据餐厅定位的层次酌情使用上述照明手法，照度与取餐台相同（图 3-29）。

图 3-28　明档灯光布局示意图及效果

图 3-29　自选区

3.2.3　常用灯具

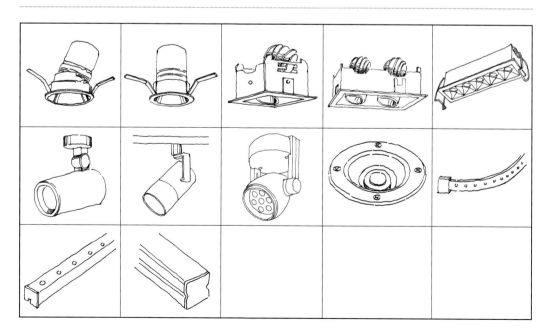

3.3 案例分析

3.3.1 乾塘餐厅

乾塘餐厅被定位于传统杭帮菜，杭帮菜渊源多来自宋室南迁，店主做菜讲究情怀。本项目在这 200m² 的小空间里碰撞出了穿越南宋而来的火花，乾塘餐厅风格定位于做一间有着宋代元素的现代餐厅。

照明设计应该以理解项目为主，而不是单纯的谈论多少标准的照度，多少范围的绝对科学数值。应由项目背后的文化来明确大的空间方向。宋代文人们不能讨论政治和社会问题，"修道""至简"成为士大夫唯一的消遣，所以南宋爆出大量极高水准的艺术作品。古代美学到宋代达到最高，要求绝对单纯，即克制的圆、方、素色、质感的单纯。

本次照明设计手法即是克制使用快速便捷的直接照明手法，而采用更多间接、更加细腻的照明手法，于潜移默化中完成细腻、柔和的灯光效果。

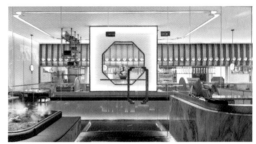

桌面照明

乾塘餐厅就直接照明手法而言，首当其冲的问题即是桌面照明。就餐区桌面照度在 500lx 以上，显色性不能低于 Ra90，这是餐厅照明必备条件之一，违反了则会影响菜品的表现。

除此之外，桌面照明结合了室内设计元素，采用了"团扇"下的扇坠来设置桌面照明所需的灯具，扇面题材取自徽宗《瑞鹤图》的部分图形，铜质灯具形成了扇坠的部分，提供了桌面所需的灯光，照亮桌面并围塑出桌面的氛围感。同时也解决了功能性的需求。

中位照明

在这样一个开敞的店面，垂直面的元素成为了视线中最重要的元素之一，它决定了室内空间的节奏及丰富程度，高、中、低位的照明节奏是照明要处理的重点。

中位照明在此空间中十分重要，商场内来往和餐厅内坐下来的顾客视线的第一层次，即将目光锁定在组成空间中部结构的屏风、隔断及团扇等元素上。因此，进门的屏风从位置和尺寸上来说，理应是照明处理的第一层次，而团扇除了提供桌面照明外，微微发亮的扇面也强化了视觉焦点并活泼了原先横平竖直的空间中位照明元素。

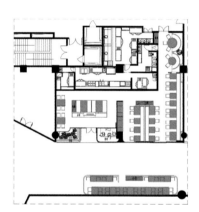
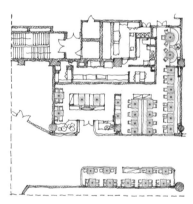

桌面重点照明示意图

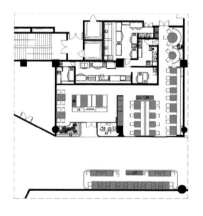
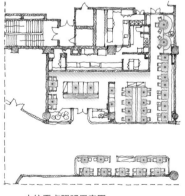

中位重点照明示意图

装饰性照明

此处的装饰性照明并非指的是装饰灯具，而是起到辅助或是强化室内设计风格的灯光，例如线型地埋灯，将餐厅局部打亮以起到强调并被注意的情况，而射灯重点打造入口景观造景区域，都是很好的强化了空间视觉感受，能更有力地吸引顾客的眼球。

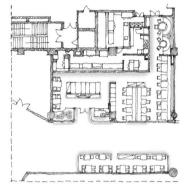

装饰性照明示意图

一些类似乾塘这样的空间，室内装饰可说是极尽心思。如果只需要考虑功能性照明，照明设计师将会很轻松，但如果想打造一个更为完美的就餐空间，各种穿插元素与灯光的完美结合与搭配才是成就最终结果的关键。

3.3.2 光单元（喜茶上海缤谷广场店）

"茶道是一种对残缺的崇拜，是在我们都明白不可能完美的生命中，为了成就某种可能的完美，所进行的温柔试探。"——冈仓天心（Kakuzo Okakura）《茶之书》。

本项目是对艺术真谛的不断思考，探索了新的表现形式，利用光作为媒介来表达极简主义与构成主义。

使用更加概括与简练的语言去配合室内设计，以大量的灯管并列形成一个个"光单元"，简洁的线性光用以雕塑空间，呈现出的光学效果创造了活力的感觉。灯光设计对光精确度予以设计，将一种刺激感官的氛围捆绑为一体，通过对"光单元"以秩序井然的序列方式，在黑、白、灰大调的空间中让灯具熠熠生辉。突出地表现了艺术与日常生活及消费者交融的关系。

见光而不见灯只是一种情怀，不适用于所有的场合，在这里灯具作为装饰元素在空间中呈现，不仅没有回避，反而是通过序列组合的方式强调并展示于空间之中。

光线组合与几何图形的勾勒出现在天花、也出现在墙面上，线性光源在空间以最简朴的形式排布提供基础照明，同时肢解与重构现有的空间架构，化作装饰意味的几何形态。

静谧的材质、冷静的色彩处理，节约、克制的形态表现，明暗交替的空间氛围，使顾客可以沉浸到一个平静诗意的悠闲空间之中。

每个项目都需要透过严谨的设计、精确的施工，才能保证最终效果的完美呈现。

04

办公空间

04

办公空间

4.1 办公空间概述

4.1.1 办公空间界定

　　办公空间是指人们进行办公业务活动所需的空间。空间的界定与人的行为方式与办公模式具有较强的关联性。传统的办公模式下，同一单位往往采用相对集中的办公方式，办公空间相对集中，如商务办公、总部办公、政务办公等；而随着小型创业型企业的兴起，现代共享式的办公模式不断涌现，办公活动结合休闲、洽谈、展示等功能出现高度复合，共享公共的空间，如联合办公等（图 4-1、图 4-2）。

图 4-1　传统式办公空间

图 4-2　共享式办公空间

4.1.2 办公空间照明意义与目的

创造空间特质，展现公司形象；
满足工作需求，提升工作效率；
营造工作氛围，保障舒适感受。

4.1.3 办公空间照明要点

办公空间是人们除了家以外待的时间最长的地方，所待时间甚至超过了在家时间。如何营造一个更合适工作的光环境是很重要的议题。

照明要根据不同的办公空间属性提供相应的氛围。提供一个简洁明亮的环境，满足使用者办公、沟通、思考、会议等工作上的需要，还要保持区域之间的统一性和舒适性，提高使用者的工作效率。因此在办公区应满足工作亮度及照度对比度的需求，提供舒适的工作光环境。灯具造型选择与装修风格应匹配，同时应充分利用自然光，运用灯光控制系统进行满足使用需求的场景模式控制，以达到节能环保及保证工作效率等要求。

在非办公区域则可营造相对休闲、舒适的光环境，并可更好地向到访者传播良好的企业形象。

4.1.4 办公空间照度、色温需求概述

办公空间包含的功能空间类型较多，且办公空间多利用自然光，对整体光环境色温较难清晰界定。一般办公功能工作空间的光源色温范围，可根据使用功能需求

和光环境的营造来考虑，色温选择范围建议在 3500 ~ 4000K 之间。如条件允许，可采用色温调节的照明产品与控制设备，根据一天的自然光变化规律调整色温，以达到更为舒适的光环境。前台、休闲接待、展示等空间，色温选择范围建议在 3000 ~ 4000K 之间。另外，为营造某种特定场景环境氛围，也可突破色温范围，而部分采用彩色光来营造不同的空间氛围。

办公空间的平均照度分布，可根据办公空间的各种功能属性要求进行，有作业要求的办公区域工作面平均照度值为 500lx，而会议区域工作面平均照度值在 300lx，以满足基本作业需求。前台及休闲空间等区域则根据场景环境氛围设置，限制较少，一般在 150 ~ 200lx 之间。

由于目前办公空间逐步向功能复合性及需求多样性转化，建议可结合灯光控制设备，设置可调节色温及照度的照明系统，以满足多种需求。

4.2 办公空间照明方式与手法

办公空间根据空间类型区分成公共交通区（门厅、前台、侯梯厅、走廊）、办公区（独立办公室、开放式办公室）、会议区（小型会议室、视频会议室、报告厅）、休闲接待区（茶水间、休息室、接待室）及档案资料室等几类空间。

4.2.1 公共交通区

门厅
门厅一般是前台所在的区域，是主要

的人流引导、形象展示的空间，部分会结合楼梯、电梯前厅等区域（图4-3）。

门厅区域光环境以均匀舒适为主，应让到访者将视觉焦点放在前台及其背景墙等位置上，门厅地面及楼梯间前厅平均照度建议为200lx，针对空间有特殊展示或风格表现要求的，则不在此建议范围，此类空间可采用低照度、较高亮度比的手法进行特殊布置，色温除白光外也可以有色彩的选择。

图4-3 不同类型办公门厅

前台

前台作为与外来访客交流沟通的重要区域，除了台面基本照度的满足外，背景墙是企业最想也最能表现企业特质及形象的位置，可通过高亮度对比的照明设计手法来突显，以形成视觉吸引，可采用射灯、洗墙灯、线型间接灯带及发光墙面等手法强调背景墙（图4-4～图4-7）。除此之外，背景墙应配合公司Logo形成公司的形象展示区域，可选择对Logo进行重点照明，突出展现。也可采用背发光或自发光的Logo字，亦或是采用投影Logo的

形式来增强墙面效果（图4-8）。前台工作面平均照度一般为300lx，色温建议在3500～4000K的范围。

图4-4 射灯

图4-5 洗墙灯

图4-6 间接灯槽

图4-7 背发光墙面

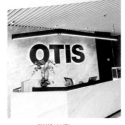

| 射灯打光 | 背发光字 | 发光字 | 投影 |

图 4-8　不同类型 Logo 表现方式

候梯厅

候梯厅照明优先考虑均匀度，满足疏散需求。局部墙面或装饰物可采用重点照明，保障安全性的同时，带来视觉的差异化体验（图 4-9）。

图 4-9　候梯厅

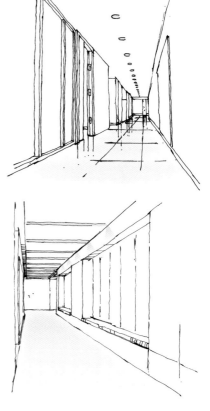

走廊

走廊是主要的交通动线空间，驻足时间短，灯光设计首先要能满足基础照明的使用，然后再追求设计美感的部分。可采用不同灯具或做法来形成不一样的行走感受。

1. 阵列式排布

沿着走廊方向，选用嵌入式下照筒灯、嵌入式线型灯具、灯盘或面发光灯具等距布置，并确保地面照度均匀。此布置方式能满足基本使用需求，但对于过长的走道，相对比较单调，可结合局部墙面装饰等作法打破单调性（图 4-10）。

图 4-10　阵列式排布

2. 间接灯槽排布

通过与天花结构的结合，采用线型灯具安装于灯槽内，以达到很好的灯具隐藏效果，同时也可营造柔和整体的环境光（图4-11）。

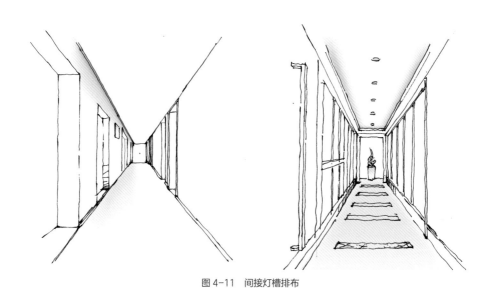

图 4-11　间接灯槽排布

3. 自由排布

根据室内设计风格，灵活布置灯具，或选用具有特定造型的灯具。在此排布方式下，照明设计应注意整体均匀度，避免出现明显暗区，造成通行的不舒适感。

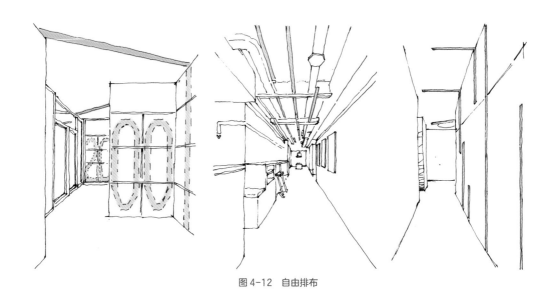

图 4-12　自由排布

4.2.2 办公区

办公区是人们进行办公业务活动的主要场所，多数人工作的活动大都发生在办公区域，此空间的环境对视觉作业的舒适度要求较高，应同时兼顾使用者的身心健康、良好的情绪体验及工作效率提升等。

办公区空间可分为开放办公区和独立办公室，该区域灯光设计的目的是为使用者提供完成工作任务所需要的照明环境，需要注重使用者的体验感和舒适度。常规工作面的平均照度建议为500lx，地面平均照度为150lx，而墙面则建议平均照度不低于50lx。

色温建议为3500～4000K之间。另外，可进一步考虑人体生物钟节律的需求而采用可调色温及灯光明暗的灯具及相关的控制设备。

办公区的灯具根据灯具出光方式而分成以下几种类型，每种类型皆有其风格及使用上的特点（表4-1）。

表4-1 办公区灯具不同出光方式的使用

出光方式	出光方式	空间感受
（半）直接型（90%光朝下）		光的使用效率最高，灯具可以是吊装、嵌入式或表面固定等安装方式，应注意灯具发光表面亮度、灯具排布间距，才能保证空间照度的均匀度及避免眩光。 半直接型以嵌入式和表面固定安装的灯具为主，可在高效出光外，提供一定的视觉趣味性
（半）间接型（90%光朝上）		舒适度高，空间感强，且控制眩光效果最佳，适宜用在具有较高反射率且干净的顶棚。因容易产生上亮下暗的问题，同时安装容易受高度限制，较适合高度3m以上的空间使用。另外可采用半间接型照明（10%~40%光朝上，60%~90%光朝下），以补充空间向下的照度，降低上下照度对比大的问题
直接/间接型（50%光朝上50%光朝下）		空间立体光感强，舒适度高，主次分明，光场景可控性高。安装高度同样受空间高度的限制较大
均匀扩散型（不定向发散）		空间光线均匀，灯具通常以装饰型灯具为主，具有一定造型，可根据空间风格进行匹配，一般灯具的发光效率较低。应注意灯具产生眩光的问题

开放式办公区

开放式办公室一般不做隔断或采用可移动的隔断灵活分隔办公区域。灯光设计可考虑统一间距布置原则,以满足空间照度均匀与舒适。也可根据家具的排布来考虑灯具排布方式。具体灯具安装类型及出光方式根据天花情况、装修风格确定(图4-13)。

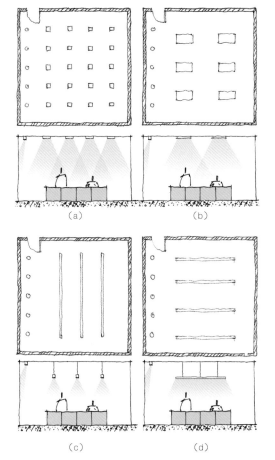

图4-13 开放办公区灯光点位布置图及做法示意图

(a)、(b)两类均是采用相同的布置手法,以均匀布置为原则,整个办公区域可以得到均匀的照度分布,在全视角范围内亮度对比等级较低。灯具如采用间接反射,能产生柔和的光环境并较有效的控制眩光。灯具尺寸一般根据格栅天花模数

来设计,适合在格栅天花或石膏板天花采用此种做法(图4-14、图4-15)。

图4-14 办公区灯盘布局示意图

图4-15 间接下照灯盘可降低眩光干扰

(c)类采用嵌入式、表面固定式或吊装线型下照灯具,灯具应无缝连接,线条更为简洁,更能与现代建筑风格的室内相结合。灯具也可采用表面发光或格栅线型灯具。表面发光灯具能更好的漫射光线使得室内光环境更为柔和舒适,而格栅灯具则更能有效地减少眩光,可根据实际需求采用合适的类型(图4-16、图4-17)。

图4-16 办公区线型灯具布局示意图

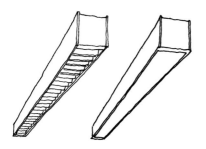

图4-17 表面发光及格栅线型灯具

（d）类做法与（c）类相似，此类做法主要根据座位区的位置安排来排布，以满足桌面照度及舒适性为主，从节能角度更为合适，也是目前办公类最常使用的布置手法，除（c）类灯具类型外，还可采用上下导光的吊装灯具，上下导光的使用可充分提高整个办公区域的空间感，既能在工作表面提供足够的光照，又能通过照亮墙面和天花板来创造更好的环境光（图4-18、图4-19）。

图4-18 办公区上下导光灯具布局示意图

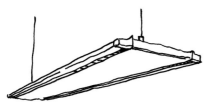

图4-19 上下导光吊灯

除了上述做法外，还可采用家具与灯具结合的做法，而采用移动式上下导光灯具，可得到与（d）类做法相似效果，同时灯具摆放又不受家具排布限制，此类做法更合适于办公家具不规则排布的办公区，灵活性更高（图4-20、图4-21）。

图4-20 办公区家具与上下出光活动灯具结合示意图

图4-21 上下导光立灯

伴随着座位区的就是相邻的通道和墙面区域，通道可与座位区采用不同的灯具和排布，利用视觉和光环境区分两个区域。走道照度应低于座位区照度，可考虑采用下照筒灯、洗墙灯、线型灯带或灯槽来营造此区域的氛围（图4-22）。地面平均照度建议在150lx左右，而墙面照明对房间内的亮度对比具有积极影响，较高的背景亮度可以同时降低电脑屏幕和灯具发光面的亮度对比度，能大大提高人们的舒适度，墙面平均照度建议在50lx左右。

下照筒灯

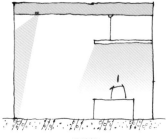

洗墙灯

线性灯带（灯槽）

图 4-22　走道灯光做法

独立办公室

独立办公室一般作为高管的办公空间，面积小的空间以使用者的办公桌为主，而面积大的独立办公室除了办公区还包含会客区，此空间应先满足空间的基础照明，再考虑桌面等功能性照明。均匀的格栅灯或筒灯布置虽然可以解决照度问题，但空间相对呆板。小型独立办公室可由筒灯或格栅灯提供基础照明，然后使用吊灯单独提供桌面所需的功能照明；而大型办公室可采用分区布置或间接灯槽来区分不同的区域，并同时作为基础照明来使用，再搭配重点照明提供办公桌面及会客区桌面所需的灯光，让整个空间营造出不同的空间层次（图 4-23）。

此外，除了基本照度要求，可以考虑采用装饰灯具或考虑天花造型，以营造较为舒适的气氛，色温以 3500 ~ 4000K 为主，如需要也可以降至 3000K 的暖白光，

但这部分应与业主做充分沟通，同时也需要考虑办公空间材料和颜色的使用，避免出现色温过暖或过冷的情形而影响到使用者的工作情绪及效率。

办公区照明与自然光的应用结合

自然光是最有益于人的活动的光线，办公区的照明设计应充分利用自然光。灯光可结合幕墙的遮阳系统设计，根据每天自然光和阳光的变化来开启或部分开启，以达到自然光的最大化利用。

另外，可依据窗户与室内办公桌的距离关系，采用可调光灯具并分成不同回路设置，根据室外自然光的变化情况，选择不同的开关灯组或调节不同位置灯具的明暗度以满足最佳办公光环境同时达到节能的效果（图 4-24）。也可在办公环境采用恒照度设定，设置照度传感器，以保障室内照度恒定不变（图 4-25）。

图 4-23　独立办公室

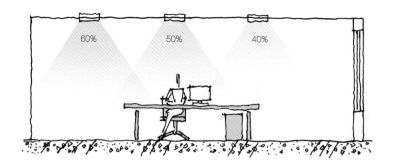

实用性照明（阴天）

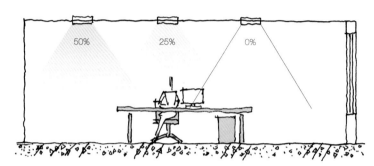

节能性照明（晴天）

图 4-24　开放办公区根据距离窗户远近采用分回路调光设置

图 4-25　开放办公区设置照度传感器调节灯光明亮度

办公照明的防眩防控

现代的办公模式基本以电脑为主要办公工具，电脑屏幕产生的二次眩光需要得到重视（图 4-26）。可采用间接照明提供空间所需的照度，同时在每个工位配置台灯或采用灯具与家具一体化的办公家具。

图 4-26　二次眩光

4.2.3 会议室

会议室有大小型会议室、视频会议室、多功能会议厅等。虽都以会议为主，但根据会议内容而有不同的活动行为产生。

大小型会议室，也是大家日常接触最多的一个类别，主要以面对面沟通讨论及汇报为主。常规的会议沟通交流应满足桌面照度要求，同时保证面部清晰可见，避免阴影和过大的照度对比度。会议室的桌面照度建议为300lx，地面为150lx左右，墙面视觉高度照度则建议在50lx左右。另外，会议室另一个常见的活动就是方案汇报与沟通，以投影或电视为主，灯光应考虑灯具回路的分配，在投影屏附近的灯具应采用单独回路控制，在投影汇报时关闭此区域的灯光。桌面灯光则建议提供调光功能，在投影汇报方案时提供聆听者最基本的书写记录功能，同时也不至于因太亮的光环境而影响到投影的效果。

现今越来越多公司采用远程视频沟通方式，视频会议室以电视、投影和LED屏作为主要可视面，同时也设置了摄像机作为双方沟通的工具。灯光设计主要应考虑会议室的照度满足基本要求且均匀，以增加人的辨识度，有利于摄像头对人物的捕捉。但应避免产生脸部阴影而影响到交流的品质。视频直播空间照度要求相对会更高，照度在750lx左右。

会议室可采用表面安装或吊装线型灯具、嵌入式筒射灯、表面发光灯盘或膜结构等方式，作为桌面的主要灯光，四周则可设置筒射灯、间接灯槽等作为辅助照明，提供通道及墙面的灯光（图4-27）。

①线型间接吊灯 ②间接吊灯 ③直接下照吊灯 ④造型发光膜 ⑤发光膜

图4-27 会议室不同灯光布置方式

另外，建议会议室采用可调节明暗的灯具并设置灯光控制系统，以适应不同的使用需求。条件允许的话，则建议灯具具备调节色温功能（表 4-2）。

表 4-2　会议室不同灯光场景

准备模式

报告模式

投影模式

会议模式

休息模式

清扫模式

4.2.4　休闲接待区

休闲接待区是指办公空间中供人们休息交流、沟通洽谈的空间，包含休闲功能的茶水间、休息室、接待室等。一般为独立区域，可作为等候区域，也可为使用者提供沟通、小型会议的功能。随着现代联合办公模式的推广，休闲接待区域多作为工作者共享的主要公共区域，功能特色复合性和使用频率逐渐提升。

灯光设计应配合空间特性，提供一个放松、温馨的光环境。灯具可采用漫反射或间接光的形式，使得整体空间光环境更加柔和放松，同时可考虑设置装饰性强的灯具，增加视觉的舒适感。此区域照度不宜过高，地面平均照度为150lx 左右，而色温则可较办公区低一些，可在3000 ～ 4000K 之间做选择。此区域的灯光设计相对灵活，局部可突破色温限制，使用彩色光（图 4-28）。

图 4-28　休闲区灯光氛围

4.2.5　档案资料室

　　档案资料室是存放资料、档案的空间，提供借阅及查询的功能。灯光应考虑档案柜查找的立面照度及桌面阅读的水平照度,灯具以均匀布置为主,满足空间内灯光均匀分布。档案柜立面照度为 200lx，桌面照度则为 300lx。

4.2.6　常用灯具

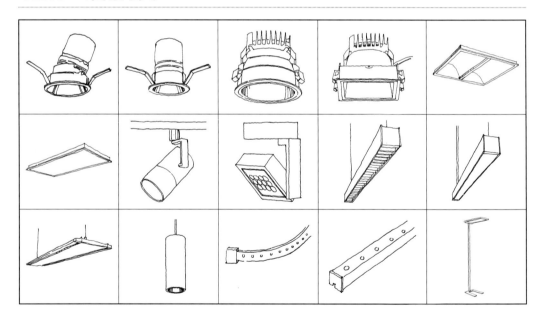

4.3 案例分析

4.3.1 物质大厦办公室

深圳物质大厦办公室的灯光设计用科学理性的灯光造场，表达了设计师的设计理念与艺术追求。本案设计通过点、线、面及三维布灯模式来丰富视觉效果与感受。

有效利用自然光

自然光本身是不以人类意识转移的，如果不合理利用、自然光可能会破坏室内光环境，甚至影响工作。本项目通过智能窗帘与灯光互动达到室内光环境动态平衡。

灯光设计根据不同功能区采用不同的照度分布以及不同的照明方式。室内空间简洁明快，灯光设计结合室内主题采用简洁的手法通过定制灯具实现灯光美观与功能的完美结合，体现业主单位简洁、高效的和谐办公氛围与时尚感。

本设计将灯光系统化作为音符去点缀空间，设定符合空间属性的光环境，让装饰性灯具本身表达美感和轻柔的光效，旨在从使用者的心里感受出发，用轻巧流动的暗藏灯光吸引和接纳更多的参与者融入

这一大进深视野。通过对项目的调研、分析，形成一套独特的照明解决方案，装饰吊灯、嵌入式条型洗墙灯、条型吊灯、LED 射灯、落地灯等，在不同空间合理的组合运用。

开敞办公区域通过 3 种以上灯具组合满足不同的照明环境需求。既要让室内灯光符合办公照明的基本要求，又想在环保节能的前提下，不落俗套。灯光设计利用智能窗帘与灯光互动达到室内光环境的动态平衡，有效运用自然光去延伸室内空间的光环境。条型吊装灯具离地高度2300mm，既能满足桌面要求，又不遮挡视线。如天花比较整洁的则可以考虑采用上下发光的手法。LED 筒灯大范围照亮空间，不仅强调墙面材质，突出现代极简主义风格，带来了更具设计感的视觉体验，也使空间灵动大方、简奢科技之美就此呈现。暖白光，增加了轻松温馨的氛围感觉，令使用者可以感到放松。

讨论区和休息区的灯光设计重点就是令使用者可以感到片刻的放松和休闲。简约的射灯刻意做了留白处理，融合白色的办公桌椅，打破规整的办公氛围，突出简约的设计与动力之感。在这里可坐下来，或小憩，或读一本好书，或讨论方案。

通道的灯光设计有明确的灯光指引并采用非对称式分布，打破过道照明单一、呆板形式，同时结合墙面线型洗墙灯，既强调了重点，表现材质，还能营造明暗节奏。

会议区通过暗藏灯带和局部射灯的组合方式，结合智能窗帘有效控制室内空间照明分布，通过点、线、面及三维布灯模式营造高标准照明环境。

多功能厅通过智能模块对不同灯具及明暗的组合实现新闻发布、客户接待、宴会及会议等不同环境下的灯光需求。

灯光设计应通过对室内特性、软装搭配、装饰色彩、空间材质、业主单位的行业特征等各方面因素综合考量；通过对照明设备的研究，创建适合空间环境的优秀灯光场景，令办公环境不再是个简单、沉闷、一成不变的枯燥构筑。

4.3.2　VIVO东莞总部大楼

"乐趣、活力、创新技术"是 VIVO 的核心价值，并贯穿于整个室内设计。室内设计师提出了"希望之巢，科技之光"的设计理念。希望 VIVO 的员工能在巢中享受趣味元素和互动空间，创造出有创意的科技产品。

开放办公空间

开放办公区（层高约3m）的浅色喷涂天花，透过错落的天花布局区分开了办公与通道的功能。地毯、办公桌等软装加入活泼的色彩，为员工提供更加舒适放松的室内环境。照明手法在此处采用了直接照明与间接照明结合的方式，营造高效、舒适的办公光环境。

在灯具选用方面贴合室内设计的功能区分，办公区域选用简洁线条的20W LED 线型灯具进行无缝拼接，以达到出光均匀明亮的效果，立面的饰面板用LED 射灯点缀，增强办公人员的心理安全感；

通道区域则选用10W LED 明装射灯，颜色与天花造型槽颜色一致，并定制灯具高度，让灯具面环与造型槽保持在同一水平面，以形成整体与简洁的天花。射灯营造的地面光斑指引着前行方向，错落的天花层级加以LED 灯带的柔性辅助，则能彰显流畅的空间个性。

独立办公室

独立办公室天花同样采用浅色喷涂，层高约2.8m，两面环窗，自然采光极佳。在洽谈区域会议桌上方加入装饰吊灯，为洽谈或小型会议提供舒适放松的环境氛围。照明方式同样采用了直接照明与间接照明结合的方式，11.5W 深藏防眩 LED 射灯搭配85W 上下出光 LED 吊灯，再加上灯带的柔性环绕，以达到洽谈或会议时的轻松自然以及休憩时的舒适放松。此外，会议桌上增加了射灯以满足会议功能的照度需求。

办公 + 测试空间

此空间为办公与测试功能结合的区域，整体空间为浅色系，天花为白色乳胶漆，层高约3m。办公桌挡板被赋予色彩，使得空间不显得那么沉闷，略有灵动。照明灯具采用20W LED 线型灯具无缝拼接，与风管平行，满足办公与测试的作业照度，同时也让天花简洁美观，线条流畅。

会议与多功能空间

会议和多功能空间以白色为主调，搭配以木色的简约配色，整体追求轻松、宁静之感，摒弃不必要的浮华。发光膜的使用，让空间更为简洁、明亮，搭配木饰面和木格栅的亲和自然感，形成了现代化办公空间的显著特征。

05

酒店空间

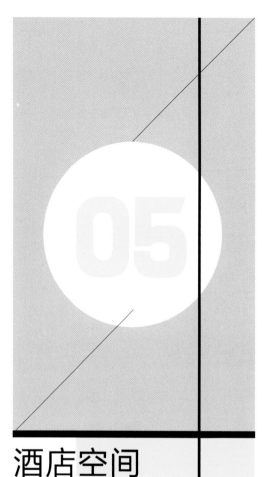

05

酒店空间

5.1 酒店空间概述

5.1.1 酒店空间界定

　　酒店（Hotel）一词原为法语，指的是法国贵族在乡下招待贵宾的别墅。到后来欧美的酒店业沿用了这一名词。虽然东西方酒店的出现可以追溯到几千年前的"客栈"时期，但只是 20 世纪近几十年来，酒店业才成为一种现代的产业。我国是世界上最早出现宾馆、酒店的国家之一。殷商时代的驿站，就是我国最早的外出住宿

设施。现代的酒店根据风格、定位等要素可将酒店分成几种不同类型：

商务型酒店 Business Hotel

　　以从事商务活动的旅客为接待主体，主要为商务活动服务。客人对酒店的要求着重于它的位置，多在城市或靠近商业中心区。客流量一般来说不随季节而变化。商务酒店通常提供各种先进的会议设施便于客人召开会议；客房里的设施设备也符合商务办公需求为主。例如：北京王府井万丽酒店（Renaissance）（图 5-1）。

图 5-1　北京王府井万丽酒店

图 5-2 漳州半月山温泉酒店

度假型酒店 Resorts Hotel

多兴建在海滨、温泉、名胜古迹等风景区附近。一般远离城市，但交通便捷。经营的季节性强，主要接待休假的客人。度假性酒店更多考虑娱乐设施的配置，如温泉泡池、桑拿与蒸汽室、水上活动中心、室内外活动中心、儿童活动中心、网球场、棋牌室、卡拉 OK 等。例如：漳州半月山温泉酒店（图 5-2）。

奢华酒店 Luxury Hotel

不仅体现酒店的基本功能，更多在展示一个品牌的魅力、提升所在城市的品味甚至将酒店自身变成一个地标性建筑。例如：南京丽笙精选度假酒店（Radisson Collection）（图 5-3）、宫殿酒店 - 旧金山奢华系列酒店（Palace Hotel, a Luxury Collection Hotel, San Francisco）（图 5-4）。

图 5-3 南京丽笙精选度假酒店

图 5-4 宫殿酒店 - 旧金山奢华系列酒店

服务性公寓 Service Apartment

为租居者提供较长时间的食宿服务，它既不同于商务型酒店，也不同于度假型酒店。此类酒店客房多采取家庭式结构，以套房为主，房间大者可供一个家庭使用，小者有仅供一人使用的单人房间。它既有一般酒店的服务，又提供一般家庭的设施服务。例如：重庆馨乐庭公寓酒店（Citadines）（图5-5）。

精品酒店 Boutique Hotel

精品酒店指具有一个鲜明的且与众不同的文化理念与内涵的酒店。此类大多位于大型商业圈内，配置一整套高标准硬件设施和酒店服务系统，聘请专业酒店服务公司经营和管理，为城市高端人群提供便捷、高尚和舒适生活居住的高尚物业。例如：重庆圣荷酒店（The Lotus）（图5-6）。

图5-5 重庆馨乐庭公寓酒店

图5-6 重庆圣荷酒店

5.1.2 酒店空间照明意义与目的

营造舒适的氛围；
突出室内的风格；
提升空间艺术感；
彰显品牌的价值。

5.1.3 酒店空间照明要点

酒店空间照明应配合酒店的风格、品牌、特色等进行照明设计分析，充分理解每个酒店独特的文化背景，对不同品类的酒店应采用不同的设计方式。同时需尊重建筑与空间的特质，根据不同功能区的特性来设计其对应的照明方式，最大限度地保持视觉的氛围和戏剧的效果。

整体的照明环境应营造温馨舒适的氛围，给客人带来宾至如归的体验，灯光设计应为人服务，而非只满足照度标准。灯具的外型必须达到和建筑及室内的契合，包括表面颜色、材料、形状等。大堂区、餐饮区、宴会厅和多功能厅、客房等区域的灯光控制应使用智能调光控制系统，便于后期运营管理并创造灯光氛围上的多种可能性。

5.1.4 酒店空间照度、色温需求概述

星级酒店整体色温以暖色调为主，色温以 2700 ～ 3000K 为主。在实际应用中，酒店照明设计的要求会随着酒店本身装饰风格的不同而改变，例如：商务型酒店其整体色温及照度要求都会稍微偏高；而旅游度假型酒店整体色温及照度要求则会偏低一些；特色主题酒店色温及照度要求则视专属特色主题而定。因为功能的不同在设计上必定也是存在差异，例如度假酒店主要是满足客人休闲、旅游的需要，因此灯光主要以温馨自在为主，整体氛围应是轻松的，而商务型酒店除了旅途休息外，还要考虑客人办公、会议、商务宴请等功能，因此整体光环境会更加明亮一些。

需要注意的是，由于餐饮设施空间对食物的显色性要求较高，因此显色指数应不小于 Ra90，更能凸显食物鲜艳的色泽，而照度一般在 100 ～ 300lx 之间。宴会厅因其自身的功能特点，所需的照度相较酒店其他区域要高，一般在 200 ～ 450lx 之间。酒店客房的平均照度则为 150 ～ 200lx 之间。理想中的客房灯具色温也建议控制在 2700 ～ 3000K，以营造温馨、安逸的环境，利于客人休息。

5.2 酒店空间照明方式与手法

酒店空间根据功能分区一般分为公共区、餐饮区、会议设施区、娱乐及休闲区、客房区等几大区块，而每个区域根据使用方式又可分为不同的细分空间，灯光应该考虑这些功能需求来进行合理的灯光设计。

5.2.1 公共区

大堂是酒店在建筑内接待客人的第一个空间，也是使客人对酒店产生第一印象的地方，大堂空间的形象、环境气氛直接

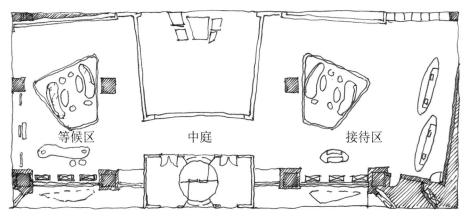

图 5-7 大堂空间分布图

（左图标注）等候区　　中庭　　接待区

影响着酒店对公众的吸引力。大堂可以说是整个酒店品质的第一体现者，同时也是整个酒店建筑设计的灵魂所在。酒店大堂主要可区分为接待区、中庭区（或称为门厅）、等候区等三大区域（图5-7）。

中庭（门厅）

中庭是顾客进到酒店接触的第一空间，为体现空间气势和档次，通常层高较高，一般可达8~10m的高度，空间中常搭配大型的装饰灯具或艺术品。中庭除装饰照明外，同时还应提供基础照明以满足使用要求，照度在150~250lx之间（图5-8、图5-9）。

中庭空间中通常会设置大型艺术品或是绿植等作为空间中的视觉焦点，可根据天花高度计算与被照物的尺度关系，提供合适光束角的灯具作为重点照明（图5-10）。

另外，中庭区域常伴随有多面背景墙，可根据其重要性与视觉需求，提供合适的照明手法来突显空间层次，例如洗墙灯、上照地埋洗墙灯、局部照明突出重点纹饰等做法，但应注意采用上照地埋灯需考虑眩光问题，避免眩光影响到顾客而产生不舒适感（图5-11）。

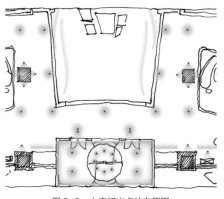
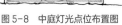

图 5-8 中庭灯光点位布置图

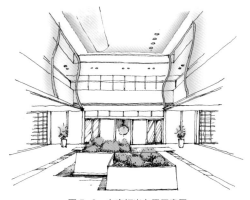

图 5-9 中庭灯光布局示意图

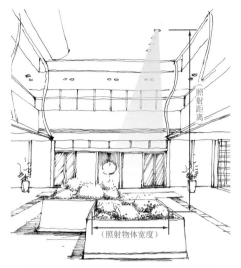

图 5-10 灯具安装位置与照射角度考虑方式

图 5-11 中庭背景墙灯光效果

接待区

接待区作为与客人的首要交流空间，需有明显的视觉焦点，灯光需要强化背景墙的视觉效果，做法与中庭背景墙类似（图5-12）。也可依据墙面造型在立面设置间接灯带的手法来强化背景墙的视觉焦点（图5-13）。

（a）前台区

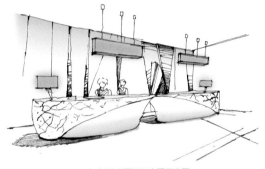

（b）前台区灯光布局示意图

图 5-12 接待区

射灯重点照亮

洗墙灯均匀洗亮

地埋灯上照

图 5-13 前台与背景墙灯光布局示意图

另外，前台兼具了沟通、交流与书写的功能，因此应满足视觉与功能照明需求。可于柜台上方提供表面固定或吊装装饰灯具，或放置装饰性桌灯以提供视觉性及功能性照明。如不设置装饰灯具，则可和天花造型搭配使用功能性灯具来满足服务台面照度需求。柜台本身则可根据造型需要增加间接灯带等做法增加柜台的氛围效果（图5-14）。

图5-15 等候区灯光布局示意图

在星级酒店中，等候区通常位于中庭，应注重与中庭周围环境的融合。而此类等候区由于挑高较高，一般多利用中庭天花装饰花灯及搭配功能照明来满足使用功能（图5-16）。另外，配置与人尺度相仿的落地灯、台灯等辅助装饰照明（图5-17）以烘托休息区氛围，给顾客提供一个舒适的等待环境。

图5-14 前台装饰灯光氛围

除此之外，由于内部台面往往低于服务台面，如天花所提供的灯光无法满足使用需求，可增加台灯或灯带以满足服务员办理登记结账使用。此部分照度要求应高于大堂其他区域，建议照度在200 ~ 500lx之间。

等候区

本区域最重要的作用就是舒适性，灯光在满足功能使用外，应兼顾旅客的隐私感及身心的放松。因此照度不宜太高，建议100 ~ 200lx之间（图5-15）。

图5-16 天花装饰灯示意图

图5-17 座位区灯光布局示意图

图 5-18 大堂空间不同灯光场景设置

大堂空间在白天通常有大量的自然光甚至是日光进入空间中，应搭配灯光控制设备，根据一天的时间变化分为白天、傍晚、深夜或是更多的时段来进行场景控制，以满足不同时段的灯光使用需求（图5-18）。

5.2.2 餐饮区

酒店餐饮设施空间是为顾客提供饮食服务的场所。餐饮空间的照明不只是为了看清台面的美食，更重要的是为了营造一种氛围，一种情调。可用灯光来引导客人的视觉，而当顾客坐下来时，在光影迷离中将是另一番享受。

酒店餐饮设施空间可分为大堂酒廊、全日餐厅、特色餐厅、特色酒吧、池畔酒吧与烧烤餐厅、行政酒廊等几大类型。

大堂酒廊

大堂酒廊也称作大堂吧（图5-19），一般位于大堂的公共区域，主要提供客人休息、等候、公务洽谈等活动，所以主要依靠装饰照明来烘托悠闲轻松的气氛，照度建议在100~200lx之间（图5-19）。

大堂酒廊除了基础照明外，还应结合大堂整体的装饰以及桌椅的摆放位置来考虑相应的重点照明，以照亮桌面、艺术品等位置形成视觉的层次即可，不需要整个座位区一片通亮。另外，应避免灯光对人眼部的直射。顶部还可以采用具备艺术感的装饰吊灯，风格及色彩要与大堂整体协调，地面可设置相应的落地灯，也可设置台灯来完善灯光氛围（图5-20）。

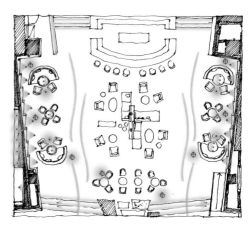

图 5-19 大堂酒廊灯光点位布置图

图 5-20 大堂酒廊灯光布局示意图

大堂酒廊的背景墙面造型通常也需要灯光重点凸显出来，应根据墙面的具体造型利用射灯或者灯带来表现这些区域（图5-21、图5-22）。

图 5-21　背景墙灯光点位布置图

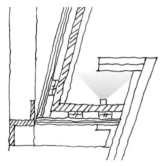

图 5-22　墙面竖向灯槽节点图

在传统设计中，酒店大堂、大堂吧、休息区和前台一般相互隔离，但现在越来越多被放在统一的开放空间里。因此，照明方式也需要适应一天中不断变化的使用空间，合理地利用玻璃窗外透进来的自然光、减少人工灯光，应和大堂一样结合灯光控制设备设置不同的场景变化（图5-23）。

全日餐厅

全日餐厅（图 5-24）顾名思义就是一个能全天 24 小时提供餐饮服务的餐厅，基本的菜品和风格以西式为主，应考虑空间的氛围与情调，照度要求在100 ～ 200lx 之间。

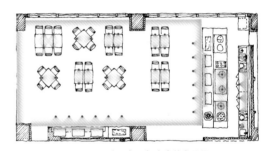

图 5-24　全日餐厅灯光点位布置图

在全日餐厅中，灯光应以桌面为主，同时根据桌子大小及使用方式可采用一至多个射灯来满足台面及周边环境的照度需求，这样不但使客人能够清楚地看到食物，还能使空间更具有立体感。灯具选择上需要注意选择适宜的发光角度和安装位置，

图 5-23　大堂酒廊灯光场景示意图

（a）射灯　　　　　　　　（b）装饰吊灯下照　　　　　（c）漫射或间接光装饰吊灯+射灯

图 5-25　餐桌灯光布局示意图

避免眩光。另外，装饰吊灯的使用也可起到烘托氛围及聚焦桌面的效果，需注意吊灯尺寸与桌子的关系，同时应该注意吊灯的安装高度，避免对就餐顾客的视线遮挡，另外还应考虑天花射灯安装位置和吊灯的关系，避免在人脸及餐桌上形成阴影（图5-25）。

采用辅助灯光对衬托餐厅的氛围有着必不可少的效果。使用辅助灯光有许多方法，例如：适当的增加天花漫反射灯光，餐厅装饰柜或吊柜内设置灯带；艺术品、装饰品选用小角度射灯的重点照明；天花设置功能灯具或在墙面增设有特点的装饰壁灯来和墙面材质及色彩进行描绘或搭配，这样才能使环境中有重点和层次，让灯光的节奏更有韵律（图5-26、图5-27）。

图 5-27　全日餐厅灯光效果图

全日餐厅的明厨区域也需要保证一定的亮度，要满足制作餐食的需求，同时明厨也是餐厅中的一个亮点，应予以凸显出来。取餐台则应提供重点照明打亮台面食物，台面下方的碗碟柜内可增加线型灯带突出立面层次。

特色餐厅

特色餐厅（图5-28）具有鲜明的主题，需要营造特别的就餐氛围，满足客人对餐饮的多元化需求，照度一般在200lx左右，主要根据风格而定。为了突出特色餐厅的

图 5-26　全日餐厅灯光布局示意图

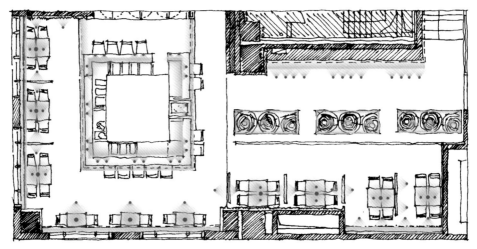

图 5-28　特色餐厅灯光点位布置图

主题，可采用比较有特色的装饰作为视觉中心进行重点照明，但需要有精细的照度水平和照度分布控制。

　　特色餐厅入门处可使用重点照明来突出这个区域和墙面上的 Logo（图 5-29），进入到用餐区域之后，应使空间富有立体感，可以用壁灯或射灯来矫正基础照明的平面化。座位区桌面的灯光做法同全日餐厅，以重点照明为主（图 5-30、图 5-31）。

图 5-30　特色餐厅灯光布局示意图

图 5-29　餐厅入口

图 5-31　特色餐厅灯光效果图

特色餐厅还配备有包房。包房的灯光相对于大厅的散座区会相对柔和一些，营造更加私密的用餐环境，休息区除了射灯照亮桌面以外，还可以增加一些落地灯进行装饰点缀，墙面的艺术品装饰也需要重点照明来强化（图5-32～图5-34）。

特色酒吧

特色酒吧主要给客人提供一个轻松和安静的地方进行社交活动的空间，此空间更偏向于打造隐秘而又私密的交流环境，所以灯光更昏暗，主要靠重点照明及装饰照明来营造气氛，照度一般在50～100lx之间（图5-35～图5-37）。

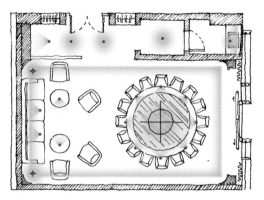

图5-32 包间灯光点位布置图

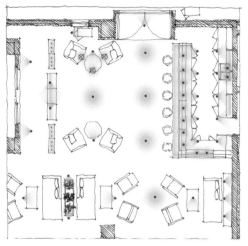

图5-35 特色酒吧灯光点位布置图

图5-33 包间灯光示意图

图5-36 酒吧灯光布局示意图

图5-34 包间灯光布局示意图

图5-37 酒吧灯光效果图

吧台区是特色酒吧的核心，因其主题和空间大小的不同，形成风格各异的吧台风貌，可在吧台下方安装灯带突出这片区域。另外，吧台区的酒类陈列区域也应该是打造重点，酒架通常都是木质层板，因此除了可以在天花设计小角度的射灯来照亮之外，还可以利用层板灯带来洗亮整个酒架，打造一片有色彩的灯光背景墙（图5-38）。

图 5-38　吧台及酒品陈列区

除此之外，我们还需要特别注意由于酒吧照度较低，所以一定要兼顾空间的安全性，灯光应保证地面的基础照度，避免顾客因看不清地面环境而产生安全事故。

池畔酒吧与烧烤餐厅

池畔酒吧 & 烧烤餐厅并不是酒店常规的配套设施，一般位于酒店室外露台花园中，与室外泳池相邻，也有一些远离城市的度假型酒店直接依傍湖水设立这片区域，功能齐备，是举办聚会的好地方，池畔酒吧的照度相对较暗，一般在 50 ~ 100lx 之间，烧烤餐厅则更明亮一些，照度在 100 ~ 150lx 之间（图5-39）。

这里的照明方式不需要大做文章，室外开阔的视线让一切都变得返璞归真，灯光也是一样，尊重自然光的特质，给台面留下一点灯光，台面可采用一盏小桌灯即可。吧台则可设置一些装饰照明丰富全局色彩，地面的照明可以采用灯带的形式或者景观灯来解决。

行政酒廊

行政酒廊一般针对酒店贵宾及住在行政楼层的客人开放，所以对于行政酒廊的设计与功能直接影响酒店的最高品质。首先要注意灯光明暗、虚实的层次结合，针对不同的功能区提供相应的基础照明：休憩与沟通区灯光相对较弱，注重空间的隐

图 5-39　池畔酒吧与烧烤餐厅灯光布局示意图

私性，照度一般在 100lx 左右，而阅读区、会议室等公共区域则需要较明亮的照度满足顾客的需要，一般在 150 ~ 300lx 之间（图 5-40、图 5-41）。

行政酒廊除了会议室、阅读、电脑区域几个空间外，一部分扮演了与全日餐厅类似的餐饮功能，手法也与全日餐厅类似。另外，应根据白天到黑夜的变化设置不同灯光场景。

图 5-41 行政酒廊灯光布局示意图

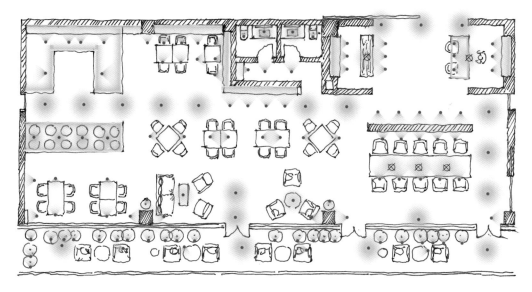

图 5-40 行政酒廊灯光点位布置图

5.2.3 会议设施区

会议设施区一般是指酒店的宴会厅、多功能厅及会议室等空间，是酒店中人员密集度最高最繁复的场所，具备多样使用功能，可以被用来举行大、中型宴会、酒会，也可作为国际会议、商品展览等功能使用。

会议设施区可分为宴会前厅、宴会厅、迎宾接待区、多功能厅、会议室等几大区域，而多功能厅功能与宴会厅相似，具备了宴会与会议的多重使用功能。

宴会前厅及宴会厅

宴会前厅是作为进入宴会厅前的一个过渡区域，可作为宴会开始前宾客的等待及交流区域（图 5-42），照度一般在 200 ~ 300lx 之间。前厅空间相对简单，与宴会厅接壤的墙面往往以案几等家具或墙面艺术品来丰富空间视觉效果，可于吊顶设置大型装饰灯具形成空间特色或结合天花造型灯槽及筒射灯来提供基础与氛围灯光（图 5-43）。

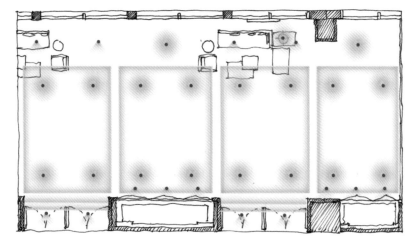

图 5-42 宴会前厅灯光点位布置图

图 5-43 宴会前厅

宴会厅照度相对较高，在 200 ~ 450lx 之间。宴会厅的照度根据不同的功能调节，灵活调整灯光。而作为婚礼、庆典等活动时，还可采用适当的彩色光源、聚光、闪光等方式来活跃氛围（图 5-44、图 5-45）。

近年来，常见的大宴会厅高度多在 8 ~ 10m 之间，为营造庄重典雅的气质，可以用精致的水晶吊灯装饰，还可以用暗藏灯带的手法提亮部分天花板，或是采用色彩给整个空间增添特别的氛围（图 5-46）；小型且高度较低的宴会厅，为了让整个空间没有压迫感，可考虑以功能照明灯具为主，不建议悬吊装饰灯，如设计不可避免装饰灯的设置，宜采用表面固定或吸顶形式灯具。

图 5-44 宴会厅灯光点位布置图

图 5-45 宴会厅灯光布局示意图（一）

图 5-45　宴会厅布局效果图（二）

图 5-46　宴会厅天花造型及墙面重点照明

多种场景模式。但须注意的是这里的场景设定依据与大堂有一定的区别。大堂以时间作为场景设定的依据（白天、傍晚、深夜等场景），而宴会厅则以活动进行的内容作为依据（欢迎模式、宴客模式、表演模式、会议模式、演讲模式等）。

大型宴会厅往往可分隔成几个较小的宴会厅（图 5-47），应注意各种组合的舞台位置，搭配合理的回路设计，单独分开舞台区域与宾客座位区的灯光回路，以保证屏幕放映不受灯光影响。各个宴会厅之间的控制应可各自独立操作或是联动操作以满足不同的宴会厅格局。

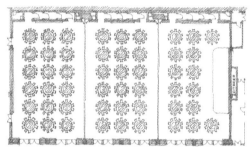

所有小单元宴会厅合并

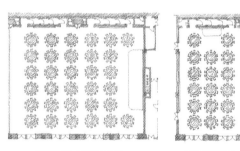

部分小单元宴会厅合并　　　　小单元宴会厅

图 5-47　宴会厅根据活动内容分区示意图

另外，由于宴会厅空间较大，应考虑空间的先后层次，将主席台、舞台等作为空间第一个层次予以强化，两侧墙面则可采用装饰壁灯或重点照明强化墙面装饰材料。对于有条件的宴会厅，则建议每张桌面都可以设置桌面重点照明，来拉开桌面与地面的层次感。

宴会厅根据活动内容的不同，应设置

会议室

会议室主要根据规模划分成大中小等不同体量的使用空间，桌面照度应不低于300lx（图 5-48、图 5-49）。

会议室的重点区域主要在座位区与电视或投影墙面，在保证座位区桌面照度外，可采用射灯、洗墙灯或是线型灯槽的形式提亮墙面，但电视或投影墙面应避免直接照射而产生二次眩光。座位区灯光应以均匀照明为主，避免在桌面形成多个光斑。

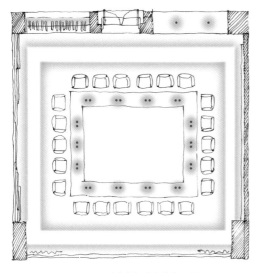

图 5-48 会议室灯光点位布置图

图 5-49 会议室灯光布局示意图

5.2.4 娱乐及休闲区

酒店的娱乐设施种类繁多，充分考虑到了客户对不同娱乐生活的需求。让旅客们在入住酒店的同时，能享受到更好的娱乐体验。在疲劳的同时能充分的释放自身，营造出轻松、恬静的氛围。

娱乐与生活设施可分为健身中心、瑜伽室、游泳池、桑拿与蒸汽室、更衣室、零售店、书吧、儿童活动区、网球场、水上活动中心（仅适用于滨海度假酒店）、公共卫生间、电梯等候厅等区域。

健身中心

健身中心作为星级酒店必备的空间之一，灯光强调柔和明亮，营造健康和积极向上的整体氛围，同时应提供足够且均匀的照明以满足使用与运动的安全性。整体照度保持在 200 ~ 300lx 之间（图 5-50、图 5-51）。

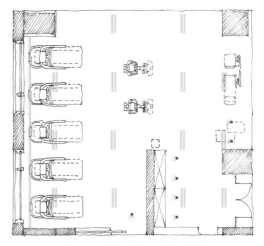

图 5-50 健身中心灯光点位布置图

图 5-51 健身中心灯光布局示意图

健身中心可分为无氧区和有氧区，不同区域可提供些微不同的色温变化，无氧区注重力量与肌肉，灯光表现为刚毅、厚重，色温可采用 4000K 为主；有氧区则注重身材的美感，应以柔和的灯光为主，灯光表现为舒展、温柔，色温可采用 2700 ~ 3000K 为主。

灯具布置应避免在运动设备正上方，给运动者带来视线和心理压力。可根据天花的造型来布置，以筒灯来提供整体空间的基础照明，条件允许的情况下灯光布置可使用灯槽为主的间接照明，再搭配重点照明。场地允许的话还可以搭配大块的落地玻璃，引进自然光的同时也可以让锻炼者远眺景色。

瑜伽室

瑜伽室一般与健身中心在一起，其节奏更为缓慢。作为一种静态的锻炼方式，通过调整姿势、呼吸和意念，从而对生理、心理、情感和精神几方面进行调节，整个过程静谧、柔和。照度较低，一般保持在100 ~ 200lx 之间（图 5-52）。

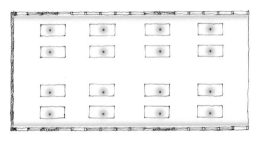

图 5-52　瑜伽房灯光点位布置图

瑜伽室天花可采用漫射光或线型灯槽的间接光方式提供舒适柔和的光环境，也可减少眩光对人眼带来的不适。另可使用筒射灯及线型灯带来补充墙面照度或提供重点照明（图 5-53）。

图 5-53　瑜伽房灯光布局示意图

游泳池

酒店的游泳池兼具了锻炼及玩乐两种功能。泳池的照明作为整个空间的亮点，需要配合泳池整体静谧、安逸的氛围，平均照度为 100 ~ 200lx 之间，水面照度则为 300lx 左右。

泳池应考虑顶面、墙面及柱面的氛围照明、装饰照明，可在休息躺椅区设置线型灯槽强化背景墙面，也可采用落地装饰灯具增加氛围，池边柱子则可以射灯或地埋灯具强化柱子的存在感，也可安装装饰壁灯以软化空间。对于长方形泳池，如果想要更均匀的泳池照度，水下灯具建议安装在泳池长边的两侧，采用 90° 大角度光束角，灯具间隔约为泳池宽度的一半（图5-54）。

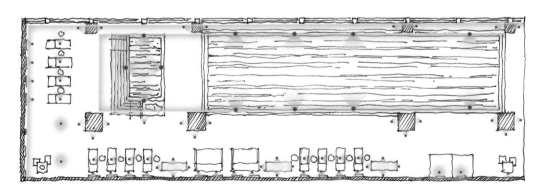

图 5-54　游泳池灯光点位布置图

泳池吊顶一般都有造型设计，可根据造型提供所需的灯光，但需要注意的是，一般不建议在游泳池上方顶棚使用筒射灯，以避免产生眩光并对客人形成安全隐患，同时也不利后期的灯具维修。如需要强调天花造型而设置灯光，建议采用线型灯具等间接灯光，同时应考虑可上人吊顶，从吊顶后维护，或采用光纤灯等不需在发光位置维护的产品（光纤灯光源位于光纤发光器里，发光器可设置在水池边吊顶里并预留检修口）（图5-55）。

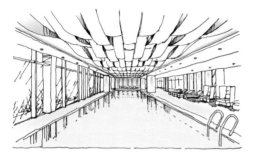

图5-55　游泳池灯光布局示意图

这里要特别提醒一下，泳池属于多水的环境，因此所用的所有与地面接触和水下灯具都应该在12～24V等安全低电压中工作，且灯具变压器应统一设置在泳池空间外的储藏室并置于架子上以保证安全性。泳池水下灯具，需注意以下几点：

（a）灯具的表面材料应该具有防腐蚀功能，可选用不锈钢外壳或ABS塑料外壳，对于咸度更高或者温的咸水中甚至需要合金钢，表面电抛光处理更防腐蚀；

（b）灯具防护等级必须是IP68，要能做到灯具内的电线连接处防水，以及在电线破损时仍然能截断水进入灯具；

（c）灯具的预埋件外壳要有灵活的管线连接到泳池外，并且电线和管线的连接是防水的。

桑拿与蒸汽室

桑拿和蒸汽室作为游泳池或者SPA的配套设施。整体设计应以轻松、休闲为主，一般都是选择让人心情放松舒适的灯光，照度在50～100lx之间。

桑拿与蒸汽室多采用木饰面结构，给人一种回归自然的感觉，宜用暖色光源渲染宁静的气氛，灯光设计可采用半间接照明，尽量做成隐蔽不可见灯的灯光渲染，让整个空间的灯光更具层次感。由于此区域的照度较低，所以一些功能区域，比如桑拿石和挂钟应设置重点照明，防止意外。湿蒸房必须使用防爆灯保证安全（图5-56）。

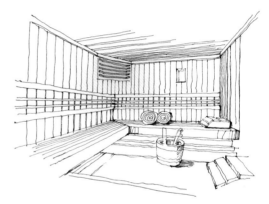

图5-56　桑拿房灯光布局示意图

更衣室

更衣间作为娱乐生活空间的配套设施，用来临时储存衣物，更衣梳妆等，整体空间应以实用性、舒适性为主，美观性为辅，灯光分布均匀，让客人能在这个空间里整理好自己的形象。更衣室内可采用暖色调筒射灯作为基础照明，梳妆区以3000K左右的暖白光为主（图5-57、图5-58），另外，应设置镜前灯补充面部灯光，可采用装饰壁灯，也可采用镜面灯光一体的做法（图 5-59）。更衣柜内建议设置感应式照明，打开储物柜自动变亮，方便顾客拿取柜内物品。

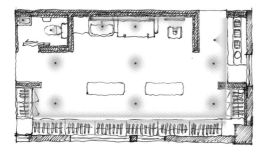

图 5-57　更衣室灯光点位布置图

图 5-58　更衣室灯光布局示意图

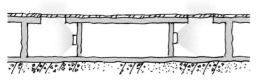

图 5-59　镜面暗藏灯带节点（平面）

水疗区（SPA）

酒店水疗区为客人提供了一个私密的空间来放松自己。一个好的水疗空间，要营造私密愉悦的氛围，应保持整体的低照度环境，同时又兼顾必要的走动安全问题，整体照度建议保持在 50 ~ 100lx 之间（图 5-60、图 5-61）。公共过道、回廊等区域可采用低位照明，在墙面设置踢脚灯，营造静谧的体验感；除此之外，可在端景或过道转折处设置艺术灯具或艺术品，形成动线上的视觉焦点。

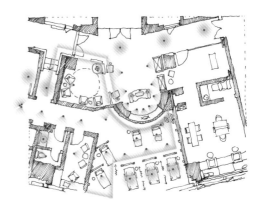

图 5-60　公区灯光点位布置图

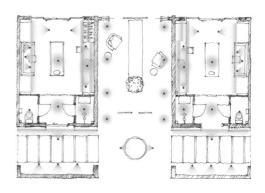

图 5-61　水疗区灯光点位布置图

SPA 房内应根据装修风格、特点及使用需求选用合适灯具，可采用装饰壁灯、吊灯、台灯、线型暗藏灯带，甚至是蜡烛等方式来营造 SPA 房的氛围。而作为空间中的主角，按摩床可设置重点照明打亮，在顾客刚进入空间中提供一个视觉焦点，之后在顾客按摩前由服务技师透过控制开关调暗，避免眩光产生（图 5-62、图 5-63）。

图 5-62 水疗区灯光布局示意图（一）

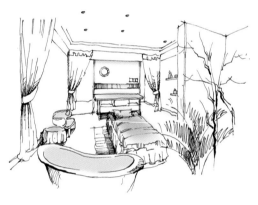

图 5-63 水疗区灯光布局示意图（二）

5.2.5 客房区

客房区作为酒店内最大的一个空间类别，为旅游或者出差的人提供休憩的场所，可分为客房、客房走廊及电梯厅等区域。

客房走廊及电梯厅

客房走廊及电梯厅的照明方式，除了提供必备的照明之外还应充分考虑酒店运营、环保节能等外在因素（图 5-64）。

电梯厅为进入客房层的第一个空间，通常正对端景装饰桌或是房号指示牌，可设置可调射灯，强化端景氛围，并提供房号标识的可辨识度。另外，一般电梯门会凹陷到墙面内，可在电梯门套设置下照灯或线型灯带来强调电梯口（图 5-65）。

走廊灯光应考虑有无采光窗、走廊长度、高度及拐弯情况等，若无采光，必须全天亮灯。因此走廊的照明不仅要满足基本的照度要求，还要考虑照明产品的节能和控制的灵活性。此外，走廊的灯光应该具有安全性及引导性，在封闭的长廊里，过亮或者过暗都会让人感到不适（图 5-66）。

客房走廊的照明设计建议采取以下方式：

（a）基础照明：

- 嵌入式射灯 — 采用嵌入式可调照射角度射灯，让整个天花看起

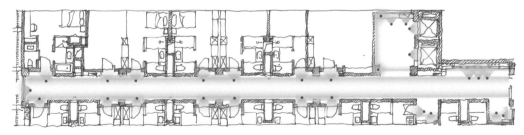

图 5-64 客房走道及电梯厅灯光点位布置图

来简洁、干净，且减少眩光对人眼的刺激。此部分灯具除了光束角的选择不同外，应与重点照明采用相同外观和尺寸的灯具以保持视觉的一致性。

- 线型灯带 — 采用暗藏灯带、见光不见灯的方式提供走廊基础照度，营造柔和、舒适的光环境。

（b）重点照明：

- 嵌入式射灯 — 采用嵌入式可调照射角度射灯，通过明暗相间的重点照明，拉伸空间长度，重点提供客房入口、门牌号或走廊艺术品所需的灯光；客房入口灯光照射高度需注意，应避免客人开房门产生直接眩光。

（c）装饰照明：

- 装饰壁灯 — 起到装饰的作用，烘托气氛，同时也可起到基础照明的功能。

图 5-65　电梯厅灯光布局示意图

图 5-66　走廊灯光布局示意图

客房

客房旨在打造一种家的感觉，营造让人感到亲切、舒适的氛围，每个酒店不同的风格会给旅客带来不一样的入住体验。客房的照度在 150 ～ 200lx 之间。色温应控制在 2700 ～ 3000K 之间，以营造温馨、安逸的环境（图 5-67），有特殊设计风格需求的客房则不受此限制，但色温建议不应高于 4000K。

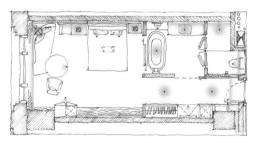

图 5-67　客房区灯光点位布置图

进入到客房，休息是最为主要的功能设定，在条件允许下，可以线型灯带结合墙面、天花灯槽等方式产生漫反射环境光，提供一个更有利于休憩的环境。另外，对于书桌、窗边桌椅、行李架、迷你吧等提供所需的功能照明，满足使用需求。床头除了阅读灯外，可在床头柜提供装饰桌灯、壁灯或是吊灯，以增加空间的氛围感（图 5-68）。

图 5-68　客房区灯光布局示意图

衣柜内应设置感应式照明设备，以满足打开衣柜就能看清衣物，方便顾客拿取柜内物品（图 5-69）。

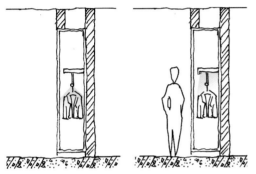

图 5-69　衣柜挂衣杆灯光布局示意图

图 5-70　卫生间镜子及洗手台灯光布局示意图

客房卫浴间的照明以柔和均匀为宜，盥洗台面应提供重点照明同时搭配装饰镜吊灯、壁灯或镜子灯具一体的镜前灯，以满足仪容整理的功能同时也可更好的体现装修风格，还可在台面下方增设灯带体现氛围并作为夜灯的一部分（图 5-70）。浴缸、淋浴间及厕所处可采用线型灯槽外，还建议增设嵌入式射灯，增加使用的便利性与重点强调。需注意的是淋浴间及浴缸灯具应采用 IP44 的防水等级灯具。

客房还应设置夜灯以方便起夜需求。可在床头柜下方设置夜灯，并与卫浴间台面下方灯带联动。

上述客房内容从照明方式、灯具安置位置到使用方式，可见表 5-1、表 5-2。

表 5-1　客房照明方式

工作照明	为阅读和书写提供照明
重点照明	为室内设计的艺术品和特殊元素提供重点照明
氛围照明	为烘托气氛提供照明，例如间接照明
装饰照明	起到装饰和营造氛围的作用
夜灯照明	为起夜提供照明

最后，客房建议配置智能客控系统以满足不同的场景及功能需求，一般可设置成欢迎模式、工作模式、阅读模式、休闲模式等。控制系统应能覆盖客房所有的灯具，总开关能够一键关闭房内所有灯具。刷卡门开后，房门内第一个灯具应能立即亮起方便找到插卡位置。当取卡离开房间后，客房应有 30 秒延时后灯才熄灭的设定。客房开关面板位置及内容可详（图5-71）。

表 5-2 客房各区域灯具使用方式

区 域	灯具类型	要求
进门入口及走廊	线型灯带（灯槽）/筒射灯（基础照明/应急照明灯）	入户第一个灯具或灯带可作为应急灯。应急情况下由应急供电系统供电，未插卡且入户门打开时，此灯应变感应器或门磁激发点亮。其余灯具可作为基础照明使用
床 头	台灯/壁灯/吊灯/筒射灯	应接入客控系统并在床头开关面板设立单独控制。床头或床边必须有可以单独调光的阅读灯，并且床的两边都要有
写 字 台	台灯/壁灯/筒射灯	台灯建议采用带灯罩的灯具。另建议增加射灯
会 客 区	落地灯/筒射灯/线型灯带（灯槽）	应接入客控系统并受场景控制。入户插卡的欢迎模式，落地灯应能联动点亮
衣 柜	线型灯带	建议将线型灯带安装在衣柜靠外侧或吊杆上并透过移动传感器达到开门则亮关门则灭的效果
窗帘窗盒	线型灯带	模仿自然光的效果，达到泛光照明的效果
卫 浴 间	吊灯/吸顶灯/筒射灯/线型灯带（灯槽）	提供卫浴间均匀照度和装饰氛围，浴缸和淋浴间灯具防护等级应不低于 IP44 灯具
卫浴间化妆镜	壁灯/吊灯/筒射灯/线型灯带	化妆镜两侧应安装灯具补充面部光，筒射灯可增加台盆的视觉效果及使用的方便性
其他区域	夜灯	夜灯主要供起夜使用，以暗藏在床头柜或家具下面为主，照度不宜过高，应 10lx 左右
	射灯（重点照明）	重点照明可用于照亮艺术品、迷你吧、行李架等位置

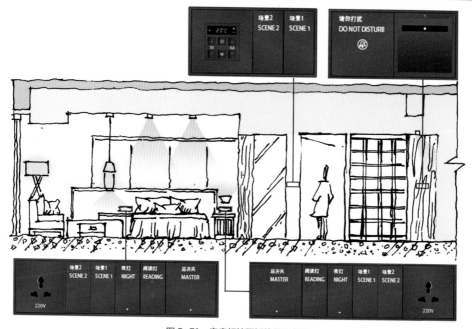

图 5-71 客房灯控面板位置及名称

5.2.6 常用灯具

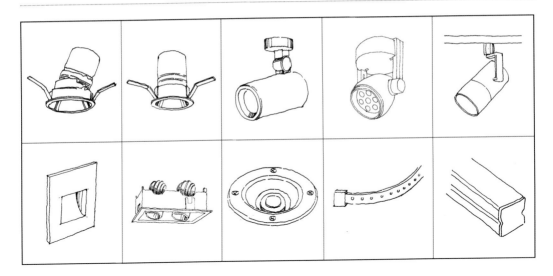

5.3 案例分析

5.3.1 杭州新天地Radisson Blu酒店

本项目原址为杭州重型机械厂的一部分，老厂房历经改造与重建，浴火重生。

而作为丽笙酒店集团旗下高端酒店品牌Radisson Blu，首次进驻杭州新天地综合体，以时尚之身蕴含传统内核，矗立杭城之北。

酒店灯光通过结合项目的历史境况与现实空间设计，遵循"时光"的主题，带人穿梭于光的时空通道之中。

时光之河的遗珠若有形状，它一定不是浑圆的，它是带着各种情感的尖角和无

数执念的线条。酒店入口天花融合了时尚属性的菱形，为了突出这一独具特色的元素，在天花铝板的内侧设计了许多嵌入的灯饰，抬眼望去，恍若星辰汇聚。

进入一层大堂，一个敞亮的白色空间开启。充满雕塑感的楼梯拔地而起，形成强烈的视觉观感。为了凸显这一立体的造型，灯光设计利用大量的线性照明来勾勒出楼梯与天花的结构，大大小小的几何形状在灯光的作用下互相碰撞，形成强烈的视觉冲击。

接待大厅则像是一个轻轻漂浮空中的大型艺术盒，精致的纹理层层铺叠，配合可变色的光晕，让空间粼粼流淌起来。

电梯厅给人以时空隧道般的未来感，为了保持整体的空间感，天花灯光设计得非常干净，只用了洗墙灯来营造缥缈的感觉，四面的屏风与墙面艺术装饰也在灯光的沐浴下愈发动人。

二层的日式特色餐厅，设置了许多精致的屏风来营造静谧的次序感，灯光与屏风间交错产生的光影正好与天花的三角元素上下呼应，吧台上方灵动的光影亦为空间制造了动与静的平衡。

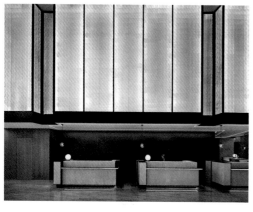

电梯轿厢如宇宙星河一般的蓝色背景墙给人十足的惊喜感，在光的映照下又若水帘，点点水滴顺涌而下。

客房廊道延续了电梯轿厢中的蓝色光影，采用透明亚克力饰面，材料中内置的纹理在灯光下显露出炫目的姿态，独特的灯光效果，诱人探寻。

客房采用简约化的设计，去掉繁复的装饰，保留最基本的人文关怀。静谧而温暖的灯光效果营造简而至美的观感和舒适温馨的体验，还原生活的自然、纯粹。

包间色调趋于沉稳，设计师将自然的美感注入其中，天花弧形玻璃灯具设计，仿若一片令人向往的浩瀚星光。

从二层餐厅入口放眼望去，连廊空中的几何天花造型灯光与门头屏风的线性照明相互衬托，叠加大理石地面及墙面的光影，别具格调。

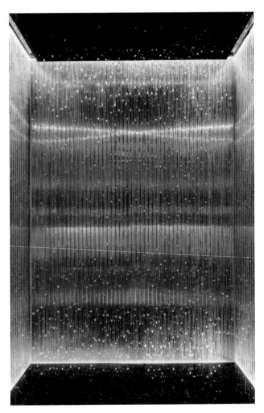

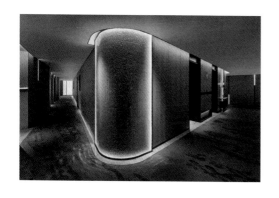

5.3.2 南京卓美亚酒店

南京卓美亚酒店受南京的江南历史元素及经典诗篇所启发，以此作为酒店室内空间设计理念的基础，以现代设计风格重新诠释南京这古都的文学典雅，唤起文化和地理上的强烈认同感。同时，建筑师Zaha Hadid流线的有机形态建筑亦与时尚并富现代感的内饰设计相得益彰，创造了充满动态意境的室内外空间，与建筑的独特波浪律动感和谐共融。

酒店设计为现代与中式结合的风格，从功能上需要具备酒店休息的使用环境，提供舒适、温馨、亲和的光环境，所以色温定调为2200～2700K之间，以2700K为主。酒店室内根据空间功能不同，视觉效果及灯光气氛也是较大差别的。

大堂设计灵感来自南京著名景点玄武湖及黑龙的传说：相传古代皇帝曾在雾气朦胧时分于玄武湖看到栖息其中的"黑龙"。挑高的中庭，8层楼高如龙鳞线条纹理的板岩，通过光影之间的巧妙变换映照出立体的龙鳞，使空间韵藏着的黑龙一跃而上。而纯净白色的现代GRG立面材料通过线型洗墙灯与主立面龙形的重点照明形成鲜明的对峙，拉开了空间的层次。

巧醍餐厅 Chocolatini 以巧克力甜点搭配招牌马丁尼创意鸡尾酒的餐厅，以明艳动人的橙红色拱形天花搭配着线型间接灯光作为空间主体，形成强烈的视觉冲击。重点照明则在突出甜品，以红枫的漆艺装饰屏风，鲜明对比，多层次的，甜蜜意境。

酌鱻海鲜餐吧 ZhuoXian Bar 是一家海鲜餐厅和酒吧，暗调的空间，充斥着各种材料的碰撞。以重点照明为主的空间形成戏剧性效果。中心吧台，窄光束光斑凸显金属网的机理，序列关系围合出空间的比例关系。每个座位聚焦一个窄光灯，形成个人的私密氛围。开放式酒吧均匀散发出精致而简约，同时令人酣畅的戏剧氛围。

调光系统在最终把控灯光空间的层次上给予了设计师测试效果最好的帮助。通过明暗的对比调试观察，根据不同的空间功能特色通过调光找到最佳的平衡点。酒店花灯色温及调光需求也是呈现视觉效果的重中之重的环节。由于越来越多的花灯使用 LED 光源，所以必须苛求 LED 光源的色温接近传统光源暖色温及调光的需求。

06

会所空间

会所空间

6.1 会所空间概述

6.1.1 会所空间界定

会所作为综合性高级休闲娱乐服务设施，具备服务于多年龄层次客人、满足多种类型功能需求的空间。根据会所的定位及功能不同，通常有如下不同类型：休闲娱乐型会所、度假型会所、商务型会所、主题型会所、生活类会所等。

会所服务对象多为会所会员，为相近社会阶层人士提供舒适、放松的聚会休闲社交场所，每个会所都有各自不同的风格，带给客人不同的体验。

休闲娱乐型会所

此类会所具备十分齐全且多样化的休闲娱乐功能，有综合性及多元化的特征，可以同时满足人们不同的需求，成为聚会、休闲、消磨时光的好场所。

度假型会所

度假型会所为客人提供了一个舒适放松的度假、休闲、娱乐场所，为宾客旅游、休假、疗养等提供食宿及娱乐活动。一般采用住所与娱乐分离的方式，类似酒店。具有多样化的设计风格，选址多在风景优美的地方。

商务型会所

此类会所以商务活动为主，具有较强的商业特性，一般为大型或国际集团式的管理。设计风格较庄重高雅、高端大气。

主题型会所

主题型会所伴随着市场细分而产生，它的目标客户指向非常明确，具有鲜明的个性特色，满足了特定人群的兴趣爱好需求。

生活类会所

生活类会所把业主最普遍关心的生活问题作为会所设置的出发点和基础。诸如：健康、教育、养生等，渗透生活的方方面面。

6.1.2 会所空间照明意义与目的

强化空间特点；
优化娱乐体验；
烘托社交氛围；
感受私密安全。

6.1.3 会所空间照明要点

会所空间照明设计应以室内设计为基础，根据会所的品牌和定位营造与其理念相协调的灯光环境，并能显示空间特色。

中高档会所的灯光相对偏暗，应注重整体光环境的协调，明暗有序的划分空间。同时使用多种合适的照明方式相结合，展现出丰富的灯光层次感，凸显室内高品质的质感并营造私密舒适的氛围，档次较低的会所则宜简洁明亮。

不同类型的会所应考虑使用习惯与方式采用适宜的照明手法。例如SPA会所中，以营造舒适放松的氛围为主；而在商务会所中，则应营造适合客人交流及商务洽谈的光环境，应考虑足够的基础照明，不宜过暗。

不同的空间功能分区也应考虑不同的照明。例如红酒吧需注重私密感及高级感，重点光集中在吧台及酒柜展示架区域；客人用餐时则应考虑灯光在桌面与环境的对比关系，同时采用高显色性光源，营造温馨、舒适并能勾起食欲的就餐环境。健身区的灯光则可考虑照度和色温的合理使用，使空间相对明亮，充满活力。

6.1.4 会所空间照度、色温需求概述

会所整体光环境宜温馨舒适，注重私密感以及高档的品质感。照度、色温均不宜过高，整体照度范围在50～300lx之间，局部空间可因功能需要适当提高照度水平。如宴会空间，可以放宽至450lx，以适应宴会中对于明亮的光环境的场景需求。

餐饮包房是客人非常重要的社交场所。整体平均照度宜在200lx左右，重点照明集中在台面、艺术品等需要照亮之处。台面照度一般约300lx，包房内的沙发休闲区照度宜在75lx左右，强化会所私密而有氛围的社交环境。红酒房的照度一般取值150lx左右，不宜过亮也不宜过于幽暗，要便于客人品酒交流。

理想中的会所色温，应控制在2700～3000K之间，以营造温馨、私密的环境，利于客人进行娱乐休闲活动。例如餐厅（包括中餐厅及西餐厅），建议采用2700K色温，营造更有氛围的就餐环境。特殊空间应根据实际需要设置合适的色温。例如网球场出于其专业性的要求，一般建议色温4000K。

6.2 会所空间照明方式与手法

会所根据使用功能的划分，可将空间分为：大堂区、餐饮区、会议设施区、娱乐及休闲区及客房区等空间（图6-1）。

大堂区是迎接宾客的重要场所，配备总服务台、中庭、等候区。

餐饮区供客人用餐、宴请、饮酒品茗，一般包括餐厅及包间、红酒吧、雪茄吧、茶室等。

会议设施区主要为会议室及贵宾接待室。

娱乐及休闲区是客人活动的主要场所，包括游泳池、健身房、SPA水疗区等。

客房区则是供客人休憩或过夜使用，包括客房、公共走道及电梯厅。

会所空间所涉及到的会议设施区、娱乐及休闲区及客房区与酒店空间有高度相似性，可参见酒店空间的相关内容。

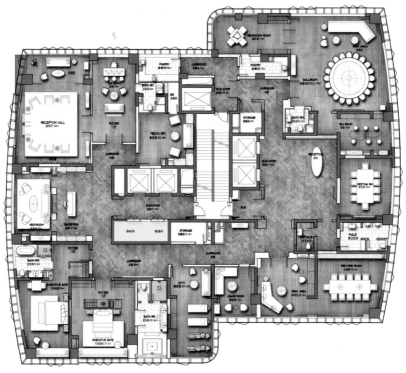

图 6-1　会所空间分布图

6.2.1　大堂区

　　大堂是迎接宾客的主要场所，应大气、温馨、亲切，以体现迎宾和友善的氛围。而接待区应有强化观感的重点效果照明（图6-2）。

　　当中庭层高较高时，可在此空间设置大型装饰吊灯作为中庭的视觉焦点，并可提供一定的基础照明；当天花高度不高时则可考虑使用线型灯槽搭配嵌入式灯具以提供需要的环境光，一部分的嵌入式灯具则可作为重点照明，凸显空间的艺术品或是建筑元素等。中庭在照度的考虑上应该要稍高于休息区，以区分两个区域同时让客人在休息区能得到充分的放松。

　　服务台区域宜设装饰照明，周围宜设置艺术装饰品及配套的重点照明，构成服务台区域的局部照明（图6-3、图6-4）。

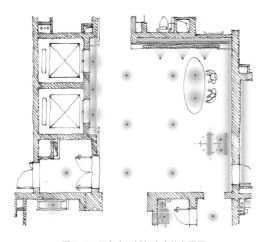

图 6-2　服务台区域灯光点位布置图

图 6-3　服务台区域灯光布局示意图

图 6-4　服务台区域灯光效果图

　　主题墙是服务台区域重要的背景，也是客人到达后第一眼就能看到的重点区域。在主题墙的灯光上，应当综合考虑墙面设计元素、材质、颜色、纹理、尺寸（高度与宽度）等，使用合适的照明手法处理墙面。例如线型灯槽、线型洗墙或嵌入式洗墙灯等，来凸显墙面质感纹理，而次要的背景墙则可弱化处理。

　　接待区服务台则可采用重点照明照亮台面及摆放的花卉或艺术品，但应注意环境光不可过高而削弱了视觉焦点，环境光需略低于重点区域（图6-5）。

　　会所作为私密性极强的空间类别，对于空间的灯光层次及精准度的要求比较高，因此应根据时间及功能的变化设置不同的灯光场景。

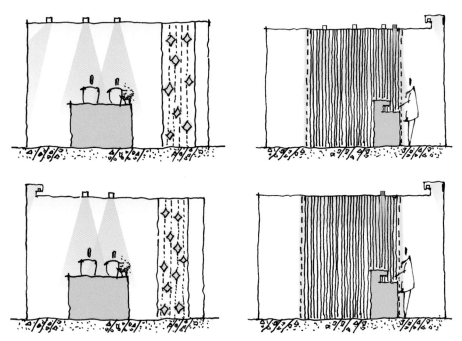

图 6-5　服务台立面灯光布局示意图

6.2.2　餐厅包房

　　餐厅包房是来往会所的客人聚会交流的重要场所，不仅仅为客人提供了餐饮的场所，更是重要的社交场所。包房灯光重点在于保持桌面的亮度与整体空间的氛围，可以使用装饰照明（装饰吊灯）辅以重点照明（射灯）以满足视觉与功能的双重需求，同时应使用高显色性的光源以凸显精致的菜肴。休闲座位区域可以线型灯槽来营造环境光，并带给客人放松惬意的氛围。重点照明照亮茶几、装饰艺术品等，营造高档而有层次感的光环境（图6-6～图6-8）。

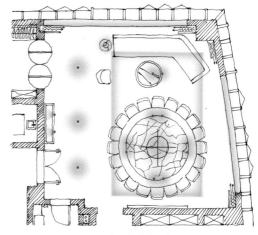

图6-6　包间灯光点位布置图

图6-7　包间灯光布局示意图

图6-8　包间灯光效果图

餐桌区域属于整个包间最为重要的区域，除了搭配装饰灯与功能照明外，应注意装饰吊灯的安装高度及种类，避免出现装饰灯具对功能照明的遮挡而在桌面形成阴影的情况。大型的包间桌子中间一般以艺术品或花卉装饰，务必设置重点照明，避免四周亮中间暗的情形出现（图6-9）。

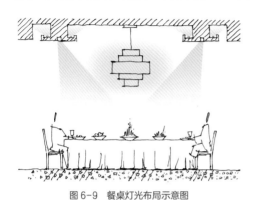

图6-9　餐桌灯光布局示意图

6.2.3　酒吧

提供给客人品酒、娱乐、休闲、社交的场所，一般有吧台区、散座区及卡座区（图6-10）。

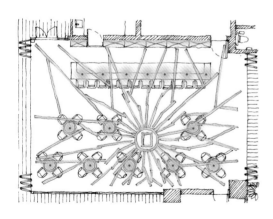

图6-10　酒吧灯光点位布置图

吧台区应该是整个酒吧空间的视觉焦点，灯光着重在强调立面背景墙面（酒品陈列区）及吧台台面。

酒品陈列区根据设计风格和酒吧想塑造的氛围，可以采用自发光的层板衬托各类陈列的酒，如需要也可采用彩色光营造气氛，来形成吧台后有特色的背景墙（图6-11～图6-13）。如酒吧属于较高格调及静谧的类型，则背景陈列区应控制照度，或是采用射灯重点照明的方式来表现酒品陈列区。吧台本身可搭配装饰吊灯形成吧台和背景墙的整体设计风格。当然也可以直接采用射灯提供台面所需的照度（图6-14），但照度不可过亮破坏了整个区域的氛围。另外，吧台立面也是个可以为空间增色的元素，建议在面向客人的吧台台面下，设置出光较弱的线型灯带，能很好地体现出吧台立面造型（图6-15）。

图6-11　酒吧灯光布局示意图

图6-12　酒吧灯光效果图

酒吧整体空间则应有一个环境光的基调，结合空间造型采用重点照明提供卡座及散座区所需的灯光，并可辅以桌面及周边环境装饰灯具，例如台灯、仿烛光灯等以围塑出每个座位区的范围。卡座区则可考虑在背景墙和沙发间设置线型上照灯槽，形成背景的氛围。

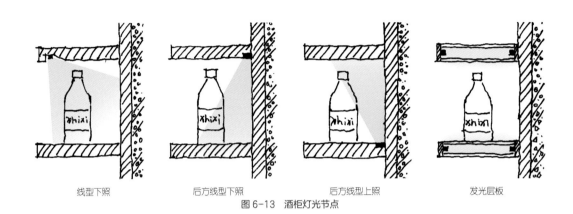

线型下照　　　　　后方线型下照　　　　　后方线型上照　　　　　发光层板

图6-13　酒柜灯光节点

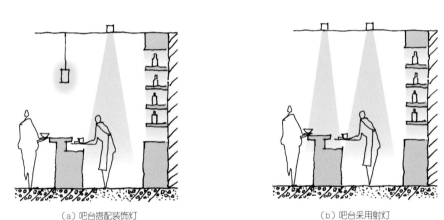

（a）吧台搭配装饰灯　　　　　　　　（b）吧台采用射灯

图6-14　吧台灯光布局示意图

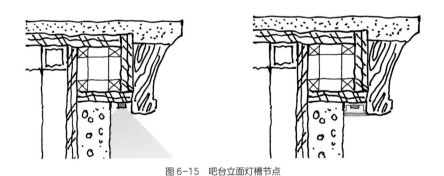

图6-15　吧台立面灯槽节点

6.2.4　雪茄吧

　　雪茄吧为客人提供享受雪茄及洽谈交流的安静场所。雪茄吧的灯光氛围宜为私密、有格调，带给客人高档舒适的光环境，一般照度相对较低，让客人能更加放松地享受交流的时光，照度约75lx左右（图6-16、图6-17）。

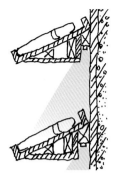
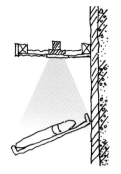

木层板雪茄柜灯光节点　　　　玻璃层板雪茄柜灯光节点

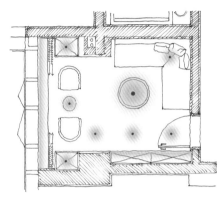

图6-16　雪茄吧灯光点位布置图

图6-18　雪茄柜灯光

6.2.5　茶室

　　茶室是爱茶者的乐园，客人们品茗、交流的空间。装修及家具以简约中式风格为主（图6-19），空间一步一景，不少空间设计采用借景做法，伴随着浓浓的禅意。因此，对于"景"的氛围感营造更为重要。它可以是窗口借景亦可以是茶台主景或是艺术品端景，灯光主要着重在茶台和背景展示柜、博古架、墙面或案台艺术品等位置的氛围营造，以形成视觉焦点（图6-20、图6-21）。而整体空间环境光作为配角，可同时依靠上述重点照明加上落地、桌面或是吊装的装饰灯的结合。

图6-17　雪茄吧灯光氛围

　　除此之外，雪茄吧可以考虑多用装饰灯具以搭配家具风格，包括落地灯、桌灯、吊灯等装饰性灯具。雪茄储藏及展示柜应提供柜内照明，满足拿取与观赏的需求（图6-18），但务必控制光照度，避免过高而影响到整体雪茄吧所要营造的舒适放松的空间氛围。

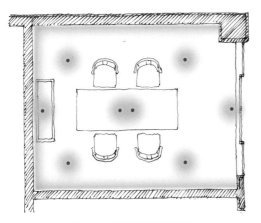

图 6-19　茶室灯光点位布置图

图 6-21　茶室灯光效果图

图 6-20　茶室灯光布局示意图

6.2.6　常用灯具

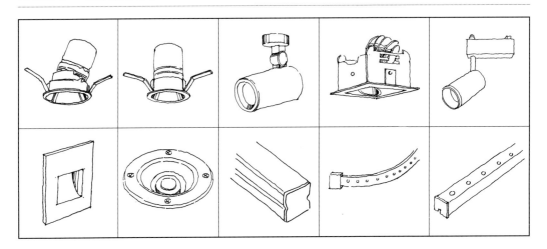

6.3 案例分析

6.3.1 H-CLUB会所

本项目位于杭州西溪国家湿地公园内，是一家集休闲、餐饮、KTV等功能为一体的娱乐会所。总建筑面积约200m²，是由一幢上下两层的古建筑改建而来，一层的主要功能为开放式休闲会所，二层为餐饮包间。

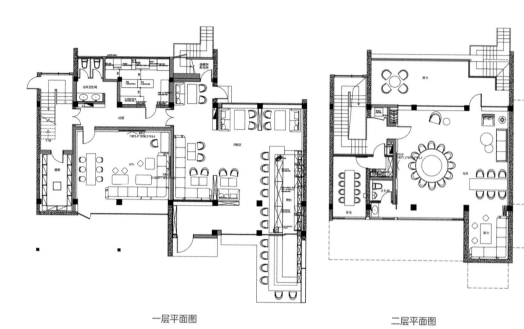

一层平面图　　　　　　　　　二层平面图

一层的设计亮点是将吧台区域和外部区域联通，灯光设计将这里的立面作为表现的重点，层层叠叠的金属柜层板暗藏灯带折射出丰富的光线。而大厅的人字顶面嵌入光纤灯，形成繁复密布的星星光点。

H-CLUB 定位为高端会所，对私密气氛的烘托非常重视，洽谈休闲区的照明不同于主吧台立面的热烈，而使用定制的铜材质吊灯提供局部照明，不强调面部照明，通过就餐台几的反射营造神秘的气氛。

前台的酒柜，使用了四种照明方式，吊灯在装饰的同时给予台面工作照明，层板背后线性照明塑造形式感，前方无眩射灯的重点照明加强对比，台面下的照明使吧台和酒架浑然一体。整个前台区域一半延伸到室外，一半伸入室内，在清风徐徐的夜晚熠熠发光。

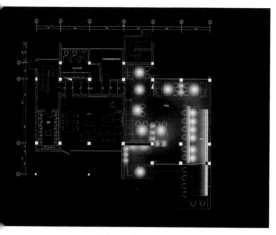

一层大厅示意图

一层的开放区域以外，还有一个私密KTV 空间，为了暗示其私密性，灯光设计给予通道比较低的照度，仅在天花和地面以嵌入式线型灯带来形成独特的氛围并指引行走方向。

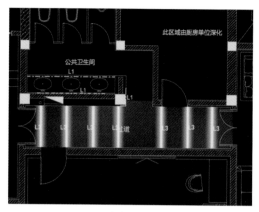

一层走廊灯光示意图

一层大厅竣工图

一层大厅

一层走廊效果图

酒窖作为会所中的重要组成部分，兼具展示功能，灯光设计采用层板本身的结构，加装暗藏灯具结构，使用灯带对其进行强调。

酒窖效果图

进入私密的 KTV 空间之后，KTV 的灯光采用特殊的声控方式，灯光设计使用声音来随机控制顶面小方块发光的颜色和亮度形成有趣的空间氛围变化。

KTV 演唱模式

KTV 演唱模式

会所二层主要为包厢区域，餐食以中式为主，包厢的中间采用了中式的圆桌，灯光氛围选择比较高的照度水平，同时对菜品和用餐人员面部的表现进行了重点考虑。

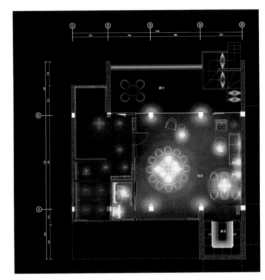

二楼灯光示意图

二楼楼梯竣工图

07

民宿空间

民宿空间

有酒店的制式感觉，但空间装修的风格和感觉又有靠近了当地的自然风景和民俗文化，我们把它定义成精品民宿或者叫酒店式民宿。从建造类型可以分为农家体验民宿、老房改造民宿、艺术设计民宿等（图7-1 ~ 图7-3）。

图 7-1　山居型民宿 - 九龙湾山水间

图 7-2　老房改造民宿 - 福州杭舍

7.1　民宿空间概述

7.1.1　民宿空间界定

目前，国内民宿主要分为民居民宿和精品民宿两大类。所谓"民居民宿"是指当地人用自家的闲置房屋为旅人游客提供住宿，整个民宿空间就像是一个家庭生活场景，客人与民宿主人同吃同住，可以享受到家的感觉，即生活化的民宿。而"精品民宿"则是介于"民居民宿"与酒店之间，规模比民居民宿大一些，装饰及陈设

图 7-3　城市温泉民宿 - 金汤温泉民宿

7.1.2 民宿空间照明意义与目的

强化空间特色；
增强文化内涵；
提升空间舒适度。

7.1.3 民宿空间照明要点

民宿空间应营造良好而适度的灯光环境，不做过于奢华和复杂的灯光设计，总体宜采用简约的设计原则，要营造出一种纯真自然、清新雅致的艺术氛围。灯光布置强调"6L原则"，也就是低尺度、低亮度、低照度、低色温、低功率及低能耗。灯光环境塑造总体上应与周边环境相协调。

7.1.4 民宿空间照度、色温需求概述

民宿空间照明的色温建议控制在2700 ~ 3000K之间，不宜采用过低或者过高的色温的光源，原则上不采用彩色光和动态光。

7.2 民宿空间照明方式与手法

民宿空间的规模大小和配置不同于常规星级酒店，它没有统一的标准，每个民宿项目都是结合项目现有的自身条件，因地制宜，自行发挥进行建设而成，客房从几间到十几间不等，所有的空间大小都没有标准，也没有像星级酒店那样规模的会议室、餐厅、宴会厅及康体健身等空间，因此星级酒店的照明设计标准是无法完全适用于民宿空间的。

民宿空间主要包括了接待区、就餐区、共享区及客房区四大区域。而共享区又可细分为多功能活动室、茶室、过道区等空间。

7.2.1 接待区

接待区是客人进入酒店办理入住的地方，客人和工作人员进行面对面交流的重要区域，民宿的接待区虽小，但营造出精致和舒适的光环境也能给进到酒店的客人留下美好的第一印象。接待台台面需要有充足的照明，满足接待的功能需求；背景墙应考虑装饰造型或艺术品照明，设置装饰性照明，给客人留下美好的视觉感受。

主题背景墙是客人从主入口进入室内空间的第一视觉界面，往往是室内设计师重点关注的位置，也是室内灯光应重点突出的地方，灯光应结合背景墙艺术品、造型、材质及颜色设置重点照明，照明手法可采用嵌入式洗墙灯、轨道灯、间接灯槽、地埋上照灯及透光板背发光等多种照明手法，并控制灯光亮度，从层次上形成视觉焦点。而根据接待台的大小、风格及造型，可以采用地埋上照灯及发光灯槽照亮接待台立面，强化接待台的体量感，当然此做法应严格控制眩光的产生，避免对客人造成不适的感受。接待台本身则应由天花设置射灯等重点照明，满足功能使用及沟通交流。另外，若接待台台面空间允许，可设置装饰台灯，进一步拉近工作人员和客人之间的距离，给人以亲切感。本区地面平均照度建议控制在150lx左右（图7-4、图7-5）。

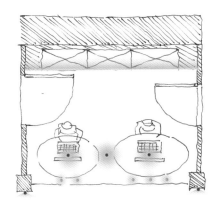

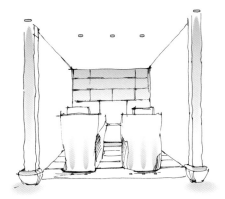

图 7-4　接待台灯光点位布置及做法示意图

图 7-5　接待台灯光氛围

7.2.2　就餐区

餐厅作为民宿的重要配套空间，除了餐桌本身氛围的塑造外，民宿特有的空间特点及风格也是整体光环境打造的重点，营造餐厅光环境的好坏直接影响就餐者的心情和食欲。

周边应以辅助光配合室内空间设计、餐厅家具及软装陈设设置进行灯光设计以衬托环境，渲染氛围，给人以良好的视觉感受和舒适的就餐环境，可采用线型灯带、射灯、轨道射灯等强调建筑结构，而以装饰吊灯或壁灯起到空间装饰及烘托空间的氛围。装饰灯具则应考虑风格上的搭配，避免与室内设计氛围格格不入。

装饰吊灯主要还是以塑造空间氛围为主，虽然也提供一定的基础照明，但对于餐桌则建议搭配射灯进行补充式重点照明，以重点突出餐桌食物，激发客人的就餐食欲。可采用小角度射灯对餐桌局部进行重点照明，桌面照度要求不低于 300lx，其他区域地面照度则建议控制在 100lx 左右，亮度比为 1 : 3 左右（图 7-6 ～图 7-8）。

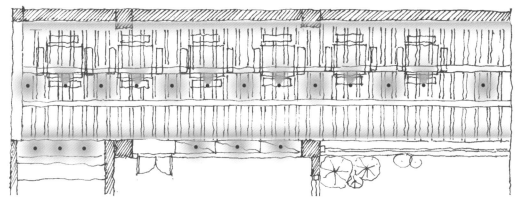

图 7-6 餐厅灯光点位布置图

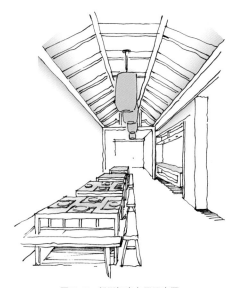

图 7-7 餐厅灯光布局示意图

图 7-8 餐厅灯光氛围

7.2.3 共享区

共享区类似于商务度假酒店的公共大厅，但规模要小很多。除了满足各种使用功能需求，还要体现这家民宿的装修风格和主题。公共大厅功能划分主要包括多功能活动室、茶室、过道等区域。除了基础照明外，最重要的还是体现所在民宿空间的建筑、装饰、文化等特点，因此灯光设计也应该依循此原则，强化民宿特有的内涵。

多功能活动室

民宿空间中的多功能活动室通常空间都非常的小，一般和接待区相连在一起，白天功能多为就餐区，夜间兼具酒吧功能，同时还可以举行小型的活动，如品酒会等（图 7-9）。

在灯光设计上需要考虑功能转换的情形时，应满足灯光场景切换的使用需求。可采用可调节亮度的间接光源突出空间的造型结构特征，营造空间特有的个性，另外搭配嵌入式或表面固定式射灯进行重点照明。

在照度考量上应能实现从 300 ~ 50lx 区间进行转换，均匀度也可以比大型酒店多功能厅的适当降低两到三个级别。

在色温使用上，以低色温 2700 ~

3000K 为主，彩色光可以根据需要适当的点缀，不宜过多。

图 7-9　多功能活动室

面是另外一个值得探索打造的区域，茶室周边家具、陈列柜、摆件及墙面的书画等艺术品，也是需要灯光重点打造的区域，四周灯光重点突出空间造型和艺术品，丰富茶室的立面灯光层次，让客人在喝茶聊天时，环顾四周也能有很好的视觉感受。灯具应尽可能使用深罩防眩的下照式或可调角度筒射灯，而墙面除射灯的重点照明，可增设线型灯带补充空间氛围，如此可更好的强化建筑结构之美。地面平均照度在 100 ～ 150lx 之间，而茶台则建议在300lx 左右（图 7-10、图 7-11）。

茶室

　　茶室作为民宿空间中让人静心休憩的重要空间，整体环境通常布置得雅致而清幽。充满禅意的空间，精致的摆件，柔和的灯光，使客人烦躁的心情快速地得到释怀。

　　茶室的重点一般落在茶台区域，客人围绕着茶台沟通、交流，大部分的行为都发生在茶台区域，因此应以茶台区域出发，提供重点照明或增加装饰吊灯围塑出本区域的氛围，灯光不宜过亮以打造柔和舒适的沟通环境。除此之外，茶室周围立

图 7-10　茶室灯光布局示意图及氛围

图 7-11　茶室灯光氛围

图 7-12　过道与楼梯灯光氛围

过道区

过道作为连接各个空间的重要载体，为夜间灯光表现的重点。过道区包括了各区的过道、人行楼梯、电梯间等连通空间。

过道由于其空间狭长连续的特性，除了满足通行安全的基本功能外，灯光上能很好的形成序列感与节奏感，也能很有效地形成动线的方向引导。人行楼梯则可设置踢脚灯、扶手线性灯具或于楼梯平台处设置壁灯。客房过道则可结合门牌灯光，在看清门牌号之余，亦能提供过道地面一定的照度（图 7-12 ~ 图 7-14）。

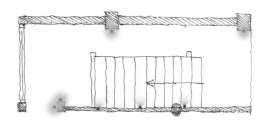

图 7-13　楼梯间楼梯灯光点位布置图与布局示意图

图 7-14　楼梯间灯光氛围

7.2.4　客房区

　　民宿的客房房型通常以非标大床房为主，各种户型较多，较少标准房间，通常配有一个稍微大点的家庭房。

　　客房灯光的布置除了保证的基本功能灯光外，更多灯光应和室内装饰设计融合在一起，用极少的灯光突出室内的软装和陈设，整体的灯光亮度建议比星级酒店或商务酒店暗些，除了工作台、洗手台等区域灯光照度建议控制在 300lx 以上外，客房内其他区域的地面平均照度建议控制在 75 ~ 150lx 之间，客房的灯光总体上应更加柔和而温馨，让人能够做到放松心灵，回归自然的感觉。

　　灯具建议多采用装饰台灯、壁灯、落地灯、吊灯及线型间接灯槽等漫反射型式的照明灯具，如此可更好地营造柔和温馨的氛围，另外，在吧台、茶几、艺术品等区域设置下照式或可调角度射灯进行重点照明，营造视觉的兴奋点（图 7-15、图7-16）。

　　装饰灯具的光源搭配 3 ~ 5W 的漫反射型 LED 灯泡，间接灯槽可选择 3 ~ 6W/米的线型灯具。而嵌入式或明装射灯功率则控制在 1 ~ 5W 之间即可。

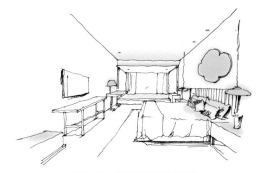

图 7-15　客房灯光布局示意图

图 7-16　客房灯光氛围

7.2.5　常用灯具

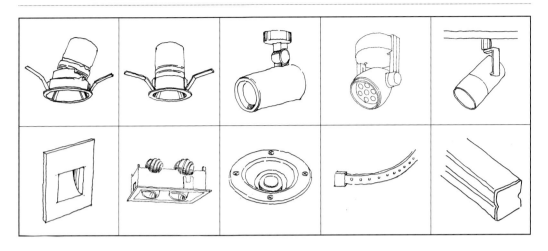

7.3　案例分析

7.3.1　福州杭舍民宿

上下杭背景

　　上下杭历史文化街区是福州历史文化名城明确保护的三片历史文化街区之一，不仅是福州历史文化名城的核心组成部分，也是传承福州闽都文化的重要区域。

　　最具有福州商贸深刻印记的上下杭，同时也具有深厚的历史文化底蕴。它见证了早期福州与世界的贸易接轨，也见证了八闽早期的商贸繁华，并与海上丝绸之路一脉相承。

杭舍前世今生

杭舍位于福州市台江区上下杭风貌区三捷河畔的合春巷，前身为道光年间杨氏富商家祠。"杭"字取自拥有深厚历史底蕴与人文荟萃的上下杭，而"舍"字则是希望给人大隐于市的静谧之感。上下杭的青砖古厝及街头巷尾都保存着福州人割舍不掉的记忆。"杭舍"二字，浸润于福州本土文化，旨在打造一家以休闲、艺术、旅居三大特色为一体的复古文化体验型的民宿。

杭舍以福州上下杭三进院落空间为设计原型，最大限度地保留原有的马鞍墙及燕尾脊的福州典型建筑形态。粉墙黛瓦、高挑檐廊，木质连廊，精美雕花，体现出原有主人家境曾经的富庶和名望，一砖一瓦一园一景，都雕刻着历史的年轮。

十里洋场的归隐之光

灯光设计希望用质朴的光营造出生活化的灯光环境，最少的灯光展示中式建筑的细部特征，智能化灯光控制系统方便了酒店的管理和营运。

前厅接待区

用重点灯光突出青石构成的接待台和背景墙，形成了独特的视觉记忆。

老旧而斑驳的木门在灯光照射下显得几分沧桑感和怀旧感，改自木心《从前慢》的诗句，似乎把我们的思绪带回到儿时的上下杭。

通过光墙，上空藻井、墙体灯槽、下照式壁灯、桌面竹编吊灯及软装陈设灯光组合成前厅丰富的间接光照明。

品茗洽谈区

超过 4.5m 高的空间灯光分成三个层次布光：

A. 顶部用灯槽形成面光照明，局部小功率射灯突出"福禄寿喜"木雕构件；

B. 在丁梁内侧安装轨道射灯，一部分光落在两侧白色的墙面，同时扫亮层架上的白色陶瓷罐；一部分灯光重点照在桌面，满足功能性照明；

C. 通过智能灯光控制系统，在白天、晚上黄金时段及后半夜不同时间段，控制空间光线的场景亮度，生成生动的光影变化。

公共连廊

由于二楼连廊层高较低，因此采用在原木柱体上设置 3W 的小射灯往下照射，形成有序的光影，同时也照亮房间门牌号。

客房区域

一层客房：较为现代的空间风格中，保留着原有的老原木立柱及石头墙角，通过重点照明和灯槽的设置，形成新和旧的对比。

二层客房：室内保留原有人字斜坡顶，用 3W 小射灯朝上照射，突出干栏式建筑木结构，形成独特的光构成。所有的重点照明均落在立面陈设和桌面、茶几等区域。

天井

　　白天阳光在天井地面、墙面留下各种光影，夜晚时段只对天井的古井、乔木进行局部重点照明，天井地面作为留白区域，室内光从窗户向外透出各种趣味的光影洒在地面。

技术指标及节能措施

　　1. 光源色温控制在 2700 ~ 3000K。

　　2. 灯具以低功率为主灯具包含了以下不同类型：

　　　・嵌入式射灯功率控制在 5W

　　　・轨道射灯控制在 3 ~ 5W

　　　・灯槽功率控制在 4.8 ~ 6W/m

　　　・壁灯功率控制在 3W

　　　・装饰灯可更换光源控制在 5 ~ 7W

　　3. 酒店前厅、中厅等公共区域灯光采用了智能化的灯光控制系统，所有的场景由电脑系统自动运行管理，既减少了用电成本，同时又减少了人员的管理成本。

08

零售店铺空间

零售店铺空间

8.1 零售店铺空间概述

8.1.1 零售店铺空间界定

零售店铺空间是向最终消费者提供所需商品和服务为主的空间。

衡量零售店铺空间设计好坏的一个直接标准就是看商品销售的好坏。因此让顾客方便、直观、清楚地"接触"商品是首要目标。通过分析该店所售商品的行业属性和特点，包含商品的大小、形态、色彩和质感、消费群体与个体及商品的性格等多个方面的内容，同时利用各种设计元素去突出商品的形态和个性及亮点，让消费者直观的认识、了解商品，以便吸引消费者购买商品。

购物是指在零售商处拣选或购买货品或服务的行为，越来越多的消费者把购物视作休闲放松的活动。在消费者购买和挑选各种各样物品的过程中，应充分展现商品特征，凸显商品亮点，吸引消费者的注意，营造能够保持愉悦的心情的环境，使消费者顺利实现购物行动。

零售店铺因商品极其丰富而涉及众多店铺类别，本手册主要涵盖了鞋服店、珠宝店、化妆品店以及家具店四大类零售店铺（图8-1 ~ 图8-4）。

图8-1　服装店

图 8-2　珠宝店

图 8-4　家具店

8.1.2　零售店铺空间照明意义与目的

契合品牌定位；
营造合适氛围；
恰当表现商品；
引起购买欲望；
满足购物体验。

8.1.3　零售店铺空间照明要点

　　光环境的营造要优先符合零售品牌的定位，高端与低端品牌最大区别在于灯光层次的营造与良好的舒适性；小型的零售空间应避免照度过高而大型零售空间则应注意灯光的过渡与层次。

图 8-3　化妆品店

灯光是视觉识别的重要元素，可以成为店铺的差异化元素，不同类型的店铺商品与陈列方式不同，应根据陈列规律同时考虑商品的大小、颜色、质地等具体特性来使用合适的灯具。除此之外，让灯具形式不仅仅只有功能性的作用，同时还要考虑其装饰性的效果。最后，在购物的主客流动线上应尽量避免刺眼的眩光，以免造成消费者的不舒适感。

8.1.4 零售店铺空间照度、色温需求概述

鞋服店

不同服装品牌的定位与空间设计差异很大，陈列布局相对紧凑。对灯光的要求非常多样化。通常商品的重点照明与基础照明的照度比约在 1:3，要求对比强烈的店铺照度比 1:5，甚至达到 1:10。不同品类对于照度及色温也不尽相同。

1. 鞋服店的奢侈品牌

奢侈品牌顾客一般停留时间较长，应保证光环境的舒适性，地面照度以 100 ~ 300lx 为主，根据设计风格甚至可以选择更低的照度水平。此做法不仅仅营造出舒适的环境，而且容易与商品的灯光形成强烈对比，从而更有效的展示商品。重点照明与基础照明的比值从 1:1 到 1:10 的状况都有，需要根据奢侈品牌的主题和定位决定。

当空间色调以暖色调或深色调为主的时候，建议采用 3000K 暖色温，而空间以白色为主调则可采用 4000K 色温。

2. 鞋服店的正装品牌

正装品牌商品以深色系列为主，可以选择略高的地面照度基础，照度在 300~500lx 之间。商品灯光建议 3 倍于基础灯光的亮度。商品的表现不仅仅需要正面打光，而且要有合适的背景光，能够形成更好的层次来表现商品。不建议光束过于聚焦的灯光，灯光过强反而会让正装颜色、质地的表现失真。色温建议为 3000K。

3. 鞋服店的休闲与运动品牌

休闲与运动品牌商品颜色和样式多样，建议采用较高的基础照度，照度在 800 ~ 1000lx 之间较为合适。通常商品的灯光 3 倍或者 5 倍于基础照度，需要更加戏剧效果的可以做到 10 倍于基础照度。较大的休闲与运动店铺，会有明确的功能分区，根据不同区域的需要营造适当的灯光。色温因品牌形象多变而有不同，色温以 3000 ~ 4000K 的范围为主，但最常用的色温则为 3000K，以营造温馨的氛围。而强调自然感受的品牌则可使用 3500K 或者 4000K 的中性光。

珠宝店

珠宝店空间需要营造奢华尊贵的购物体验，照明上要求提供高亮度和高显色的购物环境。密集陈列可以使用线性光源，而单独摆件可以使用点光源，或者由两者搭配。重点照明与基础照明的比值为 1:3。另外，不同珠宝对照度与色温的要求也是有差异。

1. 玉石、珍珠类商品

玉石、珍珠强调温润光泽，因此灯光需要柔和，光束角可选择宽光束或者线性光。如果为了更好地展示剔透质

感，可增加适当的背景光。照度不宜过强，建议在 500 ~ 800lx 之间。色温为 2700 ~ 3000K 之间。翡翠亮度应比白玉高，适合采用 5000K 左右的色温。

2. 宝石类商品

宝石需要灯光表现出璀璨的质感。因此聚焦的点光源更加适合。亮度可以更强，建议在 800 ~ 1000lx 之间，如四周环境较亮，可提高一倍照度。红宝石可选色温 4000K，蓝宝石则可选择 5500K 的色温。

3. 黄金铂金类商品

黄金铂金属于富贵的象征，可用较高照度，建议 1000lx。较大的黄金摆件可以使用宽窄两种光束表现。色温上黄金可选择 2700K，铂金则选择 5500K 的色温。

化妆品店

通常化妆品店铺的色温在 3000 ~ 4000K 之间。店铺空间定位自然，以木色材质为主的，可以使用 3000K 色温。另外，可适当的使用动态光和色彩灯光增加店铺的时尚感。基础照度建议 800 ~ 1000lx 之间。重点照明与基础照明比值则为 1∶2.5 ~ 1∶3。另外，需要考虑灯光对亚洲人肤色的表现，应使用显色性好的光源，显色指数不小于 Ra90，其中的特殊显色指数 R9 与 R15 应大于 0。体验区要考虑有活动与无活动的不同状况，有活动时重点突出化妆师演示的场景，照度建议在 4000 ~ 5000lx。无活动时也要满足顾客的试妆，照度建议在 1500-2000lx 之间。陈列区照度则建议在 2500 ~ 3000lx 之间。

家具店

家居环境一般都要求温馨，因此选择 2700K 或者 3000K 的暖色调为主。单品展示的灯光可以较亮，照度建议 1500 ~ 2000lx 之间。而家居氛围的区域需要考虑场景氛围的营造，起居室基础照度为 150 ~ 300lx 之间，餐厅照度建议为 150lx，桌面照度则为 400lx，重点照明与基础照明比值为 1∶3 至 1∶5。卧室需要放松的气氛，照度设置可以比较低，对比度可以加大，建议基础照度 100 ~ 200lx 之间，重点展示照度建议 800 ~ 1000lx 之间。

8.2 零售店铺空间照明方式与手法

8.2.1 鞋服店

面向不同的消费群体，以及不同的营销方式会让鞋服店形成很大的差异（图 8-4）。受到品牌定位和空间特点的限定，照明设计需要综合考虑基础照明与重点照明的合理搭配。同时不同的陈列方式和商品种类需要不同的照明手法予以表现。

基础照明应优先满足入口的照度需求，同时根据品牌定位、空间特点确定通道与展示区的灯光比例关系。天花灯具布置应与天花造型有机结合，保证天花整洁。须起到吸引顾客人流的作用。而重点照明需要以较高的亮度突出模特、正挂等重点陈列品，立面与平面的量储区域需考虑大角度照明，但应低于重点展示区。如有天花悬吊装饰物，须考虑装饰物与重点照明的关系，避免在商品上形成阴影，基础照明与重点照明比值为 1∶3（图 8-5、图 8-6）。

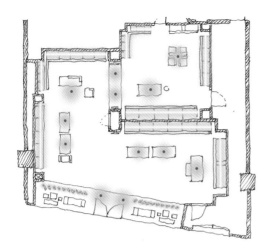

1. 入口区

入口是品牌形象的重要展示区域，通常空间高度较高，有较好的空间体验，会在天花和立面设置丰富的装饰造型，悬挂Logo或者装饰品并结合灯光吸引视线。营造明亮通透的效果，塑造标识感。另外，此处通常放置焦点展台，陈列当季最新或主推产品，展台商品陈列方式多样，以半身模特、叠装陈列为主。照明可采用嵌入式或轨道式可调射灯重点强调，吸引店外路过的顾客，凸显陈列商品的重要性（图8-7）。

图8-5 鞋服店灯光点位布置与效果示意图

图8-7 入口重点照明

2. 橱窗

橱窗是进行品牌介绍和商品宣传的综合性广告艺术形式。能够有效的吸引顾客的注意力，并将商品的特点完美的展示给过往的顾客。出色的橱窗展示能够给顾客创造出一种特殊的情绪或者难忘的记忆。顾客被橱窗展示所吸引，会自然的进入商店（图8-8）。

橱窗照明设计应密切配合橱窗主题，突出主题重点，注意主光、辅助光与背景光的搭配（图8-9）。开放式与封闭式橱窗相比更容易受室内照明影响，因此需要更高亮度（图8-10、图8-11）；另外，灯具的设置应具有一定的灵活性，以满足

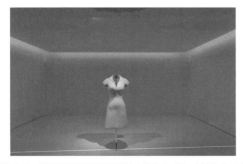

图8-6 不同灯光对比强度效果（左边为1：10，右边为1：3）

橱窗展示内容更换的需要；根据陈列需要也可适当利用有色光烘托氛围（图8-12）。

图 8-10　封闭式橱窗

图 8-8　有明确主题的橱窗展示

图 8-9　主光与背景光的搭配

图 8-11　开放式橱窗

图 8-12 色彩光的运用可烘托主题与气氛

3. 陈列区

陈列布局的目的是将产品更有效地展现在消费者面前，同时获得人流量。零售商会依据客流量统计，销量统计以及一些调查原理来调整陈列布局。而灯光需要根据陈列特点和不同展示方式布置，吸引顾客的注意，突出商品的质感、色彩和立体感。例如，正面或者重点区域展示需要聚焦的窄光束灯光，而量储区或者非重点区域则适合宽光束的灯光。层板照明的使用不仅可以解决天花照明形成的阴影，而且丰富了陈列的视觉层次。需要注意的是陈列区每季会有变动，因此照明在满足陈列展示需要的同时，还要有一定灵活性。

服装模特的照明方法

服装模特是最完整表现商品的陈列道具，一般位于最重要的展示区域，因此以 10° ~ 15° 窄光束的射灯，以高亮度表现。如条件允许，建议射灯在服装模特侧前方水平方向约 45°，垂直方向倾斜 30° 照射，充分展示模特的立体轮廓，同时，配合其他道具以及背景，形成有层次的灯光环境（图 8-13、图 8-14）。

图 8-13 服装模特的照明

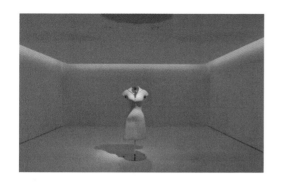

图 8-14 服装模特灯光效果（左为窄光束，右为宽光束）

正挂及侧挂陈列的照明方法

正挂是正面展示商品的陈列方式，强调当季的主题与卖点，展示完整商品状态。采用 15° 左右窄光束角的射灯照射，在商品正面形成宽度约 400 ~ 500mm 的光斑，对商品的整体与细节都能予以照顾。

侧挂则是侧向悬挂的陈列方式，因此只能展示商品面貌的一部分。陈列量较正挂更多，顾客挑选轻松随意，会与模特、正挂结合使用。因为陈列量大，灯光可采用 24° ~ 36° 中 / 宽光束角的射灯表现更为合适（图 8-15）。

图 8-15 正挂及侧挂陈列

叠装陈列的照明方法

叠装是将服装折叠成同一形状再叠放在一起的陈列形式。具有立体感和秩序感，给人一种量贩的感觉。灯光采用 36° 左右的射灯，可以均匀完整的表现颜色和陈列形状（图 8-16）。

图 8-16 叠装陈列

一般来讲，店铺的陈列方式更多是混合形式，通常涉及了上下摆放的形式，应注意阴影形成的问题。常规货架进深约为 400mm，服装店立面与灯具安装水平距离约为 600mm 是比较恰当的做法（图 8-17）。

距离适宜

距离过近（陈列阴影过多）

距离过远（顾客身影投向陈列品）

图 8-17　灯具安装位置与陈列距离关系示意图

除了上述的照明方式，还可采用层板自带照明或结合射灯外打光的方式，不仅可以解决天花照明形成的阴影，而且丰富陈列的视觉层次（图 8-18）。

服装店灯光一般都是各类手法混合使用，应注意整体搭配协调（图 8-19、图 8-20）上述不同灯光做法可参考表 8-1 的内容。

图 8-18　鞋服店层板灯具安装节点

图 8-19　服装店立面混合陈列灯光氛围

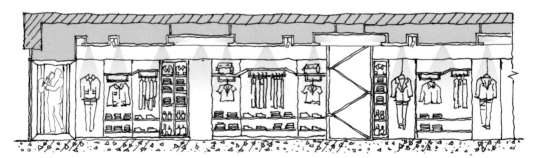
图 8-20　服装店立面混合陈列灯光布局示意图

表 8-1　陈列方式与灯具选择

陈列类型		射灯角度	效果呈现
服装模特		10°～15° 窄光束	以高亮度表现。条件允许下，射灯与服装模特保持最佳的垂直30°、水平45°照射角度，可充分展示模特的立体轮廓。同时配合其他道具以及背景，形成有层次的灯光环境
正挂陈列		15° 窄光束	可在商品正面形成宽度约400～500mm大小的光斑，对商品的整体与细节都能予以照顾
侧挂陈列		24～36° 中/宽光束	常与模特、正挂结合使用。因陈列量大，中/宽光束角的灯具能更完整的满足照射要求
叠装陈列		36° 宽光束	可以均匀完整的表现颜色和陈列形状

4. 体验区

因为互联网的冲击，当下的实体店铺中，越来越重视顾客的体验。因此如何营造良好的店内环境氛围以及独特的使用体验成为越来越重要的考量。商品已从单一的商品展示转变为使用状态的环境模拟。灯光需要根据新的空间属性进行布置，不能完全照搬以往的经验。

总体来说体验区需要让顾客更久的沉浸在体验之中，灯光的舒适性会成为更加优先的考虑因素。体验区的照明布置要满足消费者试穿或试用的需求（图8-21）。这个区域内适合提供相对平均的水平照度和垂直照度，射灯不宜使用过小的光束角，如为鞋服店体验区，试衣镜试鞋镜应注意反射眩光的控制，以适应消费者各种试穿试用的行为。

新趋势下，不同空间会统合在一起，导致同一空间会有完全不同的灯光布置需求。而灯具与道具结合使用让空间显得更加时尚、美观以及整体，也是今后的一种设计趋势。

5. 收银区

收银区应提供满足收银员操作的基础性照明，如有品牌标识或形象标识则需要根据做法设计适当的照明方式（图8-22～图8-24）。

图8-21 接近自然光氛围的商品展示空间带来更好的体验感受

洗墙照明打亮品牌标识及背景墙

重点照明强调品牌标识

自发光品牌标识

图8-22 收银台及背景墙灯光布局示意图

图8-23 均匀照亮立面体现品牌背景墙整体性

图8-24 自发光标识强调品牌名称

8.2.2 珠宝店

珠宝店面设计不同于其他的商业空间。珠宝首饰商品属于高端奢侈品，单价昂贵。照明不仅仅需要足够的亮度，也要烘托店铺空间高端华丽的氛围。尤其需要对不同珠宝的特质有良好的表现。珠宝店整体照度要高于其他类别空间，整体空间从平面到立面都需要足够的照度。另外注意天花照明与珠宝柜内照明的关系，不应妨碍商品的展示；天花布置需要配合天花造型形成秩序性和美感。柜内照明需要考虑灯具与商品的位置关系，以合理的照射角度表现商品特质。重点展柜需注意商品与背景的灯光层次，并注意隐藏光源，表现商品的同时也要避免在顾客挑选商品的位置形成眩光。除此之外，设置装饰照明可以形成特色，给珠宝店带来高档、华丽的感觉。

1. 橱窗

珠宝店入口是当季新品的展示区域。常见的有开放式以及封闭式两类。开放式橱窗需要考虑橱窗区域与店内的照明对比，考虑到受店内照明影响较大，建议增强橱窗的商品照明，拉开对比度，以突出其展示的作用。封闭式橱窗因为不受干扰，利用柜内顶部与侧面灯光的结合更容易与环境形成对比，营造足够的视觉冲击吸引来往客流的注意（图 8-25、图 8-26）。

图 8-25　开放式橱窗

图 8-26　封闭式橱窗

2. 陈列区

陈列区的主要陈列方式为玻璃陈列岛柜，售货员与顾客分置两侧共同观察、推介及选择商品。玻璃陈列内的陈列方式主要有平铺的密集陈列方式，如戒指、吊坠等，以及使用人形项链饰品展示架，属焦点陈列方式（图 8-27）。

图 8-27　珠宝店陈列方式

不同的珠宝需要不同的灯光表现。实际运用中，店铺天花顶光和斜侧光被运用的最多。黄金适合使用低色温（偏暖），钻石适合高色温（偏冷）。宝石类的需要较高的亮度和聚焦的光束予以表现。交叉重叠的灯光不仅增加了亮度，也更容易表现宝石的璀璨。适当使用背透光照射方式，也能取得很好的表现效果。玉石类需要雅致润泽的感觉，不需要过高的亮度，比较柔和的光更加适合。当下小巧的 LED 灯具也更容易与展柜结合，安装和隐藏也更为便利。建议天花灯具使用较大光束角，不仅仅提供店内的环境亮度，而且可以让买卖双方可以看清表情，方便沟通。而柜内照明亮度要比环境亮度更高，同时避免了玻璃产生对环境的反射，影响顾客挑选商品（图 8-28）。

黄金饰品

均匀照明　　　　　均匀照明+重点照明

图 8-29　黄金饰品及陈列灯光布局示意图

铂金、白银饰品

铂金相对黄金色泽显得高贵冷艳，其价位更高。对于铂金的照射方式，与黄金基本一致，只是需注意色温的选择。5500 ~ 6000K 高色温的冷白光更能展现铂金和钻石的冷艳光辉（图 8-30）。

图 8-30　铂金、白银饰品

宝石饰品

宝石之中钻石大多数情况下占据着珠宝店最主要的位置（图 8-31），高亮聚焦的灯光最能突出钻石的光芒，适合5500 ~ 6000K 的高色温。红宝石和蓝宝石是最常见的宝石，光源对宝石的色泽影响很大。因此需要选择高显色性的光源，显色指数不低于 Ra90，色温在3000 ~ 4000K 之间。棱面宝石适合侧打光（图 8-32），有利于展现宝石的立体感和璀璨度。弧面的宝石适合正面打光（图8-33），形成宝石的星光效应。蓝宝石因为色泽沉稳，相对钻石可以使用较低的亮度。

图 8-28　陈列区灯光布局示意图

黄金饰品

展示黄金饰品可以采用天花顶部布灯方式，使用较高的亮度表现其富贵与奢华，其本身的色泽适合使用 2700 ~ 3000K 的色温。密集展示的小件饰品可考虑使用均匀光，如果有着复杂工艺，可在均匀光中适当增加重点照明，采用 10° 光束角左右的灯具来凸显饰品细节（图 8-29）。

图 8-31　宝石饰品

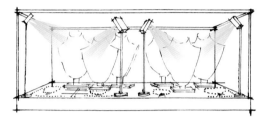

图 8-32　侧打光

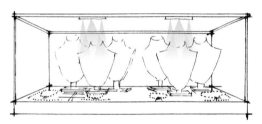

图 8-33　正打光

玉石饰品

玉石中白玉质地温润光洁，亮度不宜过高，宽光束 3000K 左右的色温更能表现白玉的质地。翡翠等硬玉晶莹通透有光泽，亮度可以比白玉高，适合 5000K 左右的色温（图 8-34）。

图 8-34　玉石饰品

3. 收银区

收银区做法与鞋服店类似，需要在店铺中易于辨识，在满足收银员操作的基础性照明的同时，保有良好的引导性。

8.2.3　化妆品店

化妆品店商品类较多，颜色体系丰富。空间设计会根据商品属性进行陈列划分，需要匹配空间设计的风格确定照明方式，但不可对商品展示产生干扰。入口区域需要有较高的基础照明，起到提示和吸引的作用；店内会分布很多试妆镜，考虑到顾客随时的试妆需求，需要保证整体空间有足够的水平面照度；保证立面与平面有均匀的基础亮度，同时需要配合重点照明以免产生平淡感。天花通常会有艺术造型及装饰照明灯具，基础照明及灯具应该避免破坏造型的美感，安装位置应避免造成冲突而形成眩光或者投下阴影。

化妆品陈列主要是柜式陈列，因此需要提供立面足够的重点照明。柜内照明需要考虑灯具与商品的合适位置关系，避免层板下方阴影干扰商品的展示；彩妆颜色丰富，要求灯具有良好的显色性，不仅仅展示商品的差别，也需要为顾客的试妆效果提供良好照明（图 8-35、图 8-36）。

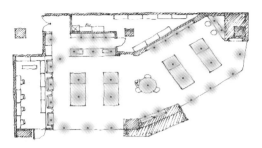

图8-35 化妆品店灯光点位布置图

图8-36 化妆品店灯光氛围

化妆品店的入口及橱窗

化妆品入口与立面是品牌与时尚感的重要展示区域。不仅仅要考虑在整体商业环境中的亮度，还可以考虑使用多层次布光或采用色彩光并通过灯光控制系统营造足够的视觉冲击吸引来往客流的注意（图8-37、图8-38）。

图8-37 门头通过灯光与建筑形体搭配得到较好的视觉表现

图8-38 门头通过灯光变化达到吸引注意力的目的

化妆品店的陈列区

化妆品主要陈列是中场与边场的道具柜，应考虑消费者的视觉高度，表现重点展示区域（图8-39），同时平衡天花照明与柜内照明的关系，以及色温在视觉上

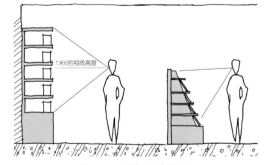

图8-39 化妆品重点展示区

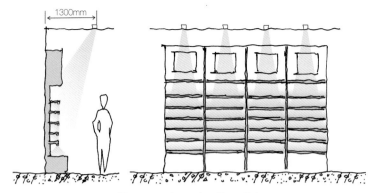

图 8-40　层板照明与天花照明结合

图 8-41　灯光应完整覆盖商品

图 8-42　陈列区灯光氛围

的一致性。边场立面需要均匀的立面布光，化妆品通常都是小件商品，应选择合适的光束角，保证陈列柜整体有足够亮度即可。陈列柜的端头会有重点商品陈列与信息展示，因此可以使用聚焦的窄光束予以表现。所有陈列位置均需根据空间高度与陈列柜尺寸计算合适的灯具间距，避免产生暗区（图 8-40 ～图 8-42）。

化妆品店的体验区

体验区一般会提供一对一的个性化服务，也会提供美妆课堂教学的服务。照明不仅仅要满足化妆师的具体操作需要，还要满足顾客观看妆容成果的展示性需要。

因此本区域试妆时需要均匀照明与局部照明配合，对亮度与显色性要求较高，能够突出顾客五官的立体感，以及化妆的细节与颜色，让顾客观看到准确的效果。营业低峰时段，此区域能够满足基础亮度即可。建议使用智能控制设备，满足不同场景及时段的使用要求（图 8-43、图 8-44）。

化妆品店的收银区

收银区灯光需要满足收银员操作的基础需求，做法与鞋服点类似，但当背景墙设置动态屏幕时，墙面应不设置灯光或减弱灯光亮度避免灯光对屏幕显示的干扰（图 8-45）。

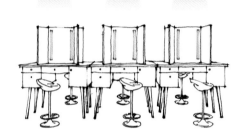

（a）基础照明与试妆镜照明满足顾客试妆

（b）基础照明满足低峰无人时段需求

图 8-43　不同时段灯光设置要求

图 8-44　美妆试妆区

图 8-45　美妆收银台

8.2.4　家具店

现在家具店不再像以前只摆放产品，多数会根据家具的空间使用属性进行场景化展示。多数以家居常见空间如客厅、卧室等为主，少数包含办公环境设置，灯光需要既能够符合空间属性的氛围，又能够恰当的表现商品的造型与质地等特点。

家具店照明的色温一般在 2700 ~ 4000K 之间。应考虑产品及功能分区来设置不同的基础照度。地面平均照度在 100 ~ 500lx 之间。除此之外，要设置重点照明来表现家具造型、细节、颜色及材质等特点，但也应根据消费者行为习惯，设置照射位置，避免产生强烈眩光，影响消费者体验感。基础照明与重点照明比值为 1：5，特殊场景可以做到 1：10（图 8-46）。

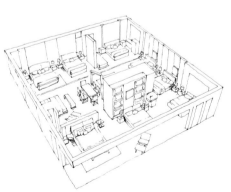

图 8-46　不同家具店布局

入口及橱窗

家具店的橱窗或入口展示区域主要作为当季产品的重点展示区，以场景化甚至戏剧化布局为主，灯光应根据当季家具的主题，灵活的布置灯具，以达到吸引注意力的效果（图8-47）。

图8-47　家具店橱窗展示

陈列区

越来越多的家具店以场景化的方式来展示产品，让消费者能真实感受到产品放置在空间中的感觉，此类一般以家居类为主，空间常见被设置成客厅、餐厅、厨房、卧室等不同区域。灯光设计应按实际空间类别、风格和布局来考虑，做法可参照本应用手册"住宅空间"的内容。然而此类空间并非实际的家居空间，有些场景化的设置为了换场的方便性，天花一般可采用轨道系统提供更加灵活的灯光表现方式（图8-48）。

图8-48　家具陈列区

除了场景塑造外，也应考虑家具材质、颜色等特性采用合适的照度与色温。木质表面照度在500～800lx之间，最高点照度不宜超过1500lx。否则木皮纹里易发白而失去原色，色温以暖色为主。浅色系皮质家具则对照度、色温没有太多限制，而深色皮质存在反射率低，光量稍强又会整体泛白，维持皮质表面照度在500lx～600lx之间，最高点照度不宜超过1200lx。同样选用暖色温。金属类家具，宜采用窄角度灯具重点突出金属部件的色泽，强调其现代感。

体验区

家具店的体验区不仅仅提供家具的试用，甚至会有家具材质的介绍或者构造的展示，是品牌推广的重要元素。在照明上不仅要对商品本身予以照顾，也要对这些关键展示和信息给予必要的照明（图8-49）。

图8-49　体验区

收银区

收银区灯光以满足收银员的基本操作需求即可。

8.2.5 常用灯具

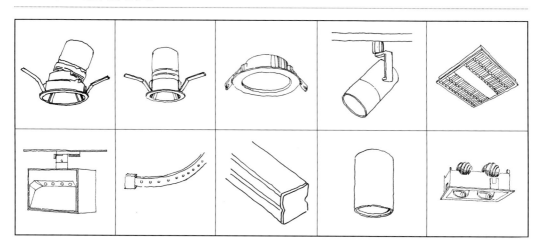

零售空间灯具使用虽然大同小异，但每个区域灯具运用还是有差距的，这中间包含了灯具类型、出光角度等都是每个零售项目出不出彩的关键，设计上可简单根据表8-2的建议选择合适的产品类型。

表8-2 空间与主要灯型关系

区域	灯具类型					使用要求
	射灯	筒灯	条形灯	装饰灯	灯盘	
入口	•	•	•	•		灯具避免产生严重眩光，妨碍顾客的进入。如使用装饰灯需要保证入口足够的亮度
橱窗	•		•	•		橱窗由多个元素构成，应配合不同陈列元素灯具的功率、角度甚至色温需要合理搭配，营造适当的层次
陈列区	•	•	•	•		陈列有主次的区分，根据不同陈列选用合适的功率与角度。突出商品，避免灯具本身过分张扬
体验区	•		•	•		尽可能无眩光，保证顾客有足够的舒适度，延长顾客的停留时间
收银区	•	•				足够的亮度满足收银员的操作需求。注意灯具与收银员的位置关系，避免灯具投射产生阴影妨碍操作。另外，还应注意与背景墙的关系
辅助区		•			•	灯具要有适当的间距，保证灯光的均匀度

8.3 案例分析

8.3.1 SPYDER运动服饰店

SPYDER 是美国的一家高端运动服饰品牌，始于 1978 年，源自滑雪。SPYDER 的诞生，为滑雪运动服饰带来了突破性的变革，引领了近半个世纪的设计潮流。而现在，SPYDER 不仅仅是滑雪，更是运动，健身，高端生活方式。

SPYDER 的店铺色彩偏暗，地面和顶面均为中灰色，墙面浅灰色，货架道具和模特都是黑色，服饰的色系中黑色也占了相当比例，其间点缀着醒目的红色，这套色彩让人很自然的将其与品牌的 Logo——"黑寡妇"蜘蛛联系起来，这是品牌的视觉 DNA。在这种暗色调的色彩体系中，想让店铺获得明亮的视觉感觉并不容易，这也是本项目灯光设计考虑的重点。

要提高空间的视觉亮度，其中最重要的就是提高立面的亮度，因为在人的视野中立面位于中心地带，且占有最高的比例，提高立面亮度能够给人带来安全感，这在商业环境中则暗示着可靠和信任。因此，设法提高立面亮度就是解决店方痛点的关键。

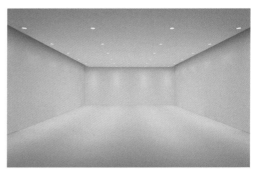

由于货架陈列非常密集，而商品大多又以暗色为主，单纯提高商品表面的照度并不能达到理想的效果。现场实测深色衣服表面的照度高达 4000lx，但视觉上仍然亮不起来。所以店内即使增加了照射商品的光源数量，并不能有效地提高视觉亮度。必须着眼那些不被商品遮挡的墙面和地面，提高这些区域的亮度，达到提高整体视觉亮度的目的。

经过软件模拟对比多种方案，最终选择在吊顶和墙面交界处增加洗墙灯槽，提高露出的墙面亮度。并在中场增加了宽角度的嵌入式射灯作为基础照明，提高地面亮度。重点照明方面采用灵活性高的轨道射灯，将轨道和电源盒部分隐藏于黑色暗槽中，仅露出灯头部分，兼顾了照明器具的灵活易用和天花的整洁美观。

照度伪色图

视觉所能感知的并不是照度，而是亮度。因此，除了查验整体的照度水平，检查整体亮度水平也很重要。在照度伪色图中看起来颜色（照度）差不多的区域，在亮度伪色图中才能真正反映出视觉的差异。即便在同等的光照下，商品自身的颜色深浅也能分出层次。因此在色彩明度对比强烈的环境中，要谨慎使用极窄的光束，过度集中的光束会产生令人不适的反差。

亮度伪色图

导轨的布置考虑了后期调场移动灯具位置的便利，轨道之间的距离是有限制的，跨度太大就难以兼顾所有道具的移位。轨道间距实际是考虑了灯具投射角度不超过20°（防眩光的考量）的情况下灯具到道具的距离限度来计算的。另外，导轨的整体方向也应和店铺的走向一致，保持天花的整体美感。

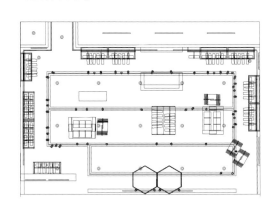

照明方案中也规范了各类道具的灯具配置和调试方向，为现场灯光调试提供指导。最终现场实体的效果符合设计预期。

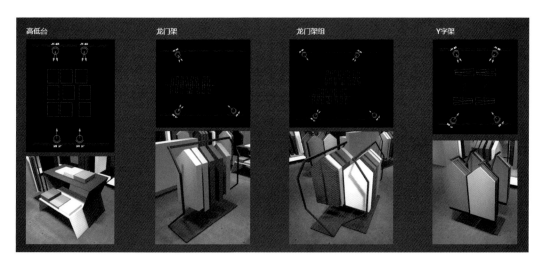

8.3.2　李宁运动服饰店

作为中国运动品牌的代表，李宁一直致力于为社会提供品质的运动产品。李宁品牌童装为 4 ~ 12 岁的儿童提供运动产品，让儿童有更安全的运动环境。

以原 LI-NING 及李宁标志为基础进行创作，考虑到童装这一特定的产品特性，着力做到活泼可爱、色彩艳丽、视觉冲击力强。以圆角字形为基础，采用不规则的排列形式，产生活泼可爱、动感强烈的效果。考虑到儿童对鲜艳色彩的喜爱，采用品、蓝、黄、绿四种纯度很高的颜色，以此增加视觉冲击力。

李宁 YOUNG 童装的店铺色彩风格非常丰富，地面为木纹色和顶面为灰色，墙面白色且铺设大面积彩色冲孔背板和潮流元素海报，视觉冲击感非常强烈；装饰道具位置特殊，在空间中显得较为突出；模特人物动态生动搭配缤纷色彩的服饰彰显青春活力，店铺内堆砌各种各样吸睛元素。

为了使产品在众多同类品牌中脱颖而出，那么灯光照明应该如何做才能让店铺氛围更加有青春活力的氛围感尤为重要，是此次店铺照明设计的关键。

常规照明仅可以起到功能性照明的效果，无法帮忙店铺在形象氛围上有大的突破，全场通亮的灯光照明对于其他品类店铺来说是没问题，但针对童装运动类店铺来说是缺失灵魂的。

青春既是活力，缤纷绚丽，R.G.B. 变色洗墙灯是毫无疑问的首选，通过电脑程序的调试可设定平日模式、节假日模式等。洗墙灯的渐变颜色和频率可根据当天的人流随时切换模式，使店铺每一天的灯光效果都是新鲜有趣、充满幻想的。

对于运动品牌店铺来说毫无疑问，它的重点是运动，那么通常情况下都是选购完商品离店之后才穿上它去运动去体验，当然不排除店面面积有限不宜运动的情况，但为什么不能在店铺内设置一款灯光设备来解决这个行业痛点呢？因此，通过互动灯光设备奇光板的设置，来拼出一个体验与互动的区域，每踩在一块格子上面就变换不同的颜色，发出不同音调的音符，达到色彩和音乐的结合。于静，拼出不同的图案点缀在店铺中非常绚丽；于动，家长儿童都可通过互动来增加惊喜感，既活跃店铺气氛，又独此一处。

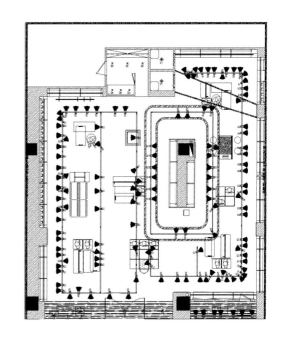

整个店内的灯光布置以轨道灯为主，轨道间距与道具的尺寸呼应，这样即便以后店铺内部商品陈列改变也不会出现轨道距离过近或过远的尴尬情况，本项目使用30W 3500K 色温的灯具，在满足功能性照明的情况下，不会抢了 R.G.B. 变色洗墙灯效果的光彩，使得基础照明和氛围照明还有灯光互动设备和谐共存。

超市空间

超市空间

社区超市如华联、华润便利店、罗森等（图9-3、图9-4）。

图 9-1　卜蜂莲花超市

图 9-2　永辉超市

图 9-3　全家便利店

图 9-4　罗森便利店

9.1　超市空间概述

9.1.1　超市空间界定

　　超市指商品开放陈列、顾客自助选购、统一收银结算，以经营生鲜食品水果、日杂用品为主的商店。

　　超市分为大型综合性超市，如永辉、家乐福、大润发、沃尔玛、卜蜂莲花等（图9-1、图9-2）；仓储式超市，如麦德龙等；精品超市，如城市超市、OLE、SUPER CITY等；社区便利店，如全家、7-eleven；

近年来，超市发生了巨大的变化，阿里巴巴以非专业角色进入超市行业，以超市生鲜现做现吃的独特做法，将"盒马鲜生"带到了前所未有的"新零售"的高度。随之，腾讯注资美团旗下的"海屯生鲜"、苏宁旗下的"苏鲜生"、京东旗下的"七范儿"（图9-5、图9-6）等，均进入生鲜类超市领域。这些超市行业的新物种给超市空间的生意模式、商品构成带来了天翻地覆的变化。超市的空间构成乃至照明方式也发生了巨大的变化。

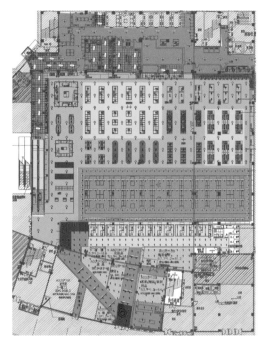

图9-5　七范儿（SEVEN FUN）

图9-6　盒马鲜生

超市空间按商品类别及功能可分为入口及通道区、家电区、服装区、日用品区、包装食品区、酒水区，生鲜区及收银区等几个部分。（图9-7～图9-14）

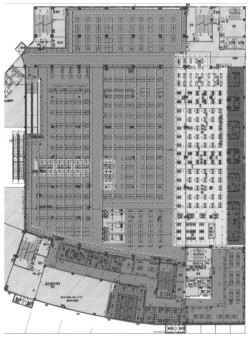

图9-7　超市典型平面图

图 9-8　入口区及通道区

图 9-9　包装食品区

图 9-10　生鲜区

图 9-11　服装区

图 9-12　家电区

图 9-13　酒水区

图 9-14　收银台

超市空间的陈列方式可分为高货架、低货架、堆头、冷柜及水族箱等方式（图9-15 ~
图9-19）。

图9-15　高货架

图9-16　低货架

图9-17　堆头

图9-18　冷柜

图9-19　水族箱

9.1.2　超市空间照明意义与目的

体现良好品牌形象；
营造舒适购物氛围；
生动表现商品；
刺激消费欲望；
引导顾客消费。

9.1.3　超市空间照明要点

良好超市照明需根据各个不同区域的品类特性、陈列方式以及天花形式，采取不同的照明方式和方法。货架区应重点关注立面照明，保证立面照度的同时，应尽量保证视线主要范围内的照度均匀性。生鲜区的海（水）鲜类、猪牛羊肉类、蛋类、蔬果类、烘焙类、熟食类等产品色彩丰富，照明应注重表现新鲜度，除了运用重点照明突出表现商品外，还应使用高显色的灯具高度还原产品本身色彩。

超市交通空间的照明应提升顾客的购物通达性，通过指引性的照明，引导顾客到达目标区域。在动线方向上，应避免眩光，营造舒适的购物环境。

另外，可以通过主题照明、氛围照明、动态以及色彩灯光，营造超市的整体氛围。

9.1.4　超市空间照度、色温需求概述

超市照明设计整体色温以3000 ~

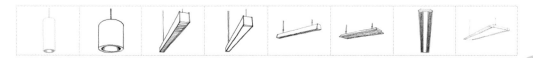

4000K 为主，大型综合超市及社区小型超市及便利店色温一般为 4000K 甚至更高；精品超市的色温则建议以 3000K 为主。另外，商品的还原度在超市是很重要的，尤其是生鲜类产品。因此显色指数应不低于 Ra90。

超市照明的照度因陈列方式、商品类别的不同，照度要求也会有较大的差异，作为进入超市的第一个区域，入口处照度相对会较高，建议在 500 ~ 800lx 之间；通道主要作为通行使用，照度应低于商品区，照度建议在 300 ~ 600lx 之间；货架区照度则建议 500 ~ 1000lx 之间；生鲜区的堆头照度水平应该更突显出来，照度建议在 1000 ~ 2000lx 之间。

另外需要注意的是不同的品牌定位、顾客群体、超市规模等都会影响到照度要求，因此，照度要求会有一定的差异性。

9.2 超市空间照明方式与手法

9.2.1 入口区

超市入口是超市的第一视觉点，整体照度相对较高且较为均匀，以增强吸引力。可采用筒灯等宽光束角的灯具实现照度均匀的照明效果。当天花有造型设计时，照明形式应考虑配合天花造型设置装饰性照明。另外，入口立面通常有品牌标识以及商品信息展示，建议使用射灯做为重点照明以突显需要展示的信息。入口区域的照度建议在 500 ~ 800lx 之间，整体色温则在 3000 ~ 4000K 之间（图 9-20）。

图 9-20 不同类型风格的超市入口

9.2.2 通道区

超市通道是影响顾客购物体验的重要元素。

超市通道分为主通道和次通道，主通道贯穿整个超市，而且部分主通道还布置大量促销商品堆头，顾客在主通道可以看到所有的商品大类，也会关注促销商品。次通道相对较窄，是同一品类、同一货架区域的销售通道（图 9-21）。

主通道的基础照明照度应大于次通道，另外应考虑促销堆头、通道两侧货架

图 9-21 通道区域

端头立面及通道中商品品类信息展示的重点凸显，提供必须的重点照明（图9-22）。次通道宽度相对较窄，因货架已设有所需的立面照明，因此次通道一般不需要再单独设置通道的照明。

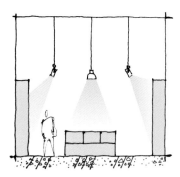
图 9-22　主通道凸显区域灯光布局示意图

主通道通常采用基础照明结合重点照明的方式来处理，以线型灯具、平板灯或者宽光束角的筒灯来提供基础照明及所需的均匀照度，另外搭配射灯作为重点照明强调两侧货架端头及中间促销堆头的商品。通道照度建议在 300 ～ 600lx 之间，整体色温为 3000 ～ 4000K。

客流动线方向上的射灯应注意布置方向，尽量避免眩光。

9.2.3　货架区

货架是根据顾客浏览、选购商品的行为而产生的商品陈列方式，货架区是超市商品陈列的主体区域，商品品类繁多，大致可分为日用品、洗护用品、化妆品、包装食品等类别，占据了超市大部分的空间。

根据陈列商品的不同，货架形式可分为高度 2400mm 左右的高货架、高度 1600mm 左右的低货架、靠墙货架及组合货架等几种形式。

让所有的商品都有足够多的机会被顾客看到并选购，均匀而舒适的立面照度是货架照明的重点。因此，应首先保证货架的垂直照度。照明器具需根据不同的货架形式选择。高货架区多采用连续性的线性照明方式，通过恰当的灯具布置方式减少或避免灯光的浪费。线型灯具通常有垂直于货架布置和平行于货架布置的两种方式。

垂直于货架布置的方式，灯具的行间距约为 2500mm（图 9-23），其特点是

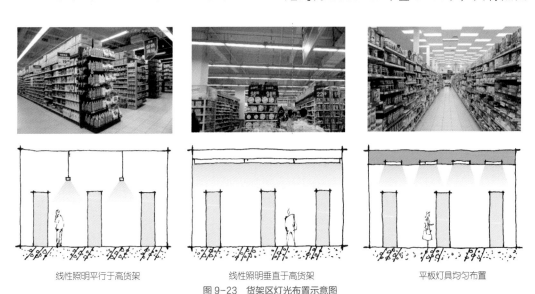
线性照明平行于高货架　　　　　　线性照明垂直于高货架　　　　　　平板灯具均匀布置
图 9-23　货架区灯光布置示意图

适应超市的灵活调场的需求，但货架立面的照度均匀性会受到一定影响，而且会造成货架顶部灯光浪费。平行货架布置的方式，线型灯具位于货架间居中布置，其特点是高效利用灯光，前提是要求货架摆放的位置固定不变。也可采用平板灯等面发光形式灯具均匀布置在天花上（图9-23）。

高货架的线型灯具安装高度距高货架顶部500～1000mm之间，充分发挥灯具的效率。可在线型灯具上增加部分射灯对重要商品做突出表现。

矮货架在精品超市中的应用较多，照明通常采用平行于货架的布置方式，另外会设置轨道射灯作为重点照明，可选择25°～35°光束角的射灯（图9-24）。

轨道安装高度在2800～3000mm左右，轨道离货架立面的距离约为600mm，但轨道原则上居货架通道中间位置，轨道灯布置间距一般应该为每1000mm一个灯具。轨道灯的应用，后期的调光工作尤为重要，应在灯具安装完毕后，调整每一只灯具的照射方向，使光斑落在货架立面上，并保证货架立面1200～1600mm高度的最佳视线范围照度最高。

为了适应超市的灵活调场，也可采用轨道斜布的方式（图9-25）。

组合货架多陈列重要商品，在保持基础照明的同时设置重点照明（图9-26）。

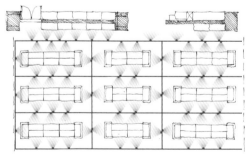
图9-24 轨道平行于货架居中布置

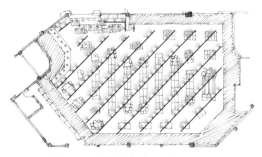
图9-25 轨道与货架成45°角倾斜布置

图9-26 组合货架

货架陈列的商品具有多样性，如包装食品、日化用品、红酒等品类差异大，照明应根据相应品类对照度和色温进行调整。红酒区货架照明应设置部分重点照明，多采用3000K色温，但是由于红酒商品的特殊性，应避免照度过高，可选用小功率射灯。日化区通常采用4000K色温，应对货架道具进行补光，照度相对较高，营造明亮通透的感觉。

9.2.4 生鲜区

超市生鲜区商品包括水果蔬菜、熟食、冰鲜、烘焙等。这一类商品消费频次高，保质期短。生鲜商品的陈列方式丰富,多以水平陈列为主。区别于货架区,有较多堆头陈列形式,同时生鲜陈列柜形式多样,部分道具自带照明。生鲜区的照明方式应适应丰富的堆头形式,灯具布置应匹配装饰吊顶形式。

超市生鲜食品的品质需要得到良好的保持,减少灯具散热对商品的损伤、损耗。LED灯具因其发热量低、效率高的特点,是生鲜区域照明首先选择的灯具光源品类。

应选用高显色性灯具,还原商品色彩特质,提升商品新鲜感。

根据生鲜品类色彩属性的差异,选择不同色温。如烘焙区采用3000K色温,冰鲜区采用4000K色温等(图9-27)。

生鲜堆头使用射灯重点照射,周围通道环境光与堆头重点照明的照度比例设置在1∶3以上,突出商品,营造节奏感,且尽量选用眩光较小的灯具(图9-28)。

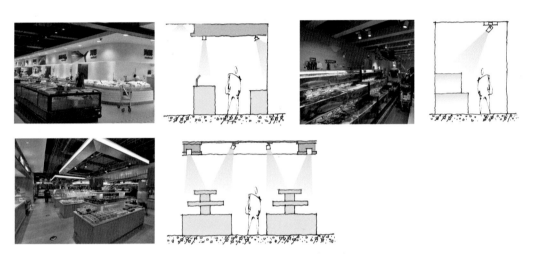

图9-27 不同生鲜区灯光布局示意图及氛围

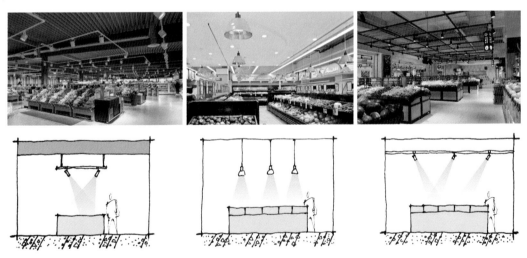

图9-28 生鲜区重点照明布局示意图及氛围

部分生鲜货柜道具自带照明，如冷柜等，可适当减少通道基础照明灯具或取消基础照明灯具。生鲜区立面，柱面等通常会有色彩丰富的产品品类标识，商品信息，装饰画等，宜通过重点照明对其重点表现，提升整体生鲜氛围（图9-29）。

配合不同生鲜商品的色彩，生鲜区悬吊式灯具的外观可以设计成不同颜色，在达到照明效果的同时，也能起到装饰作用（图9-30）。

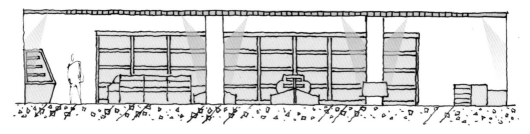

图9-29　柱面及墙面信息宜设置重点照明

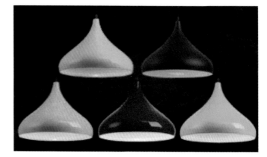

图9-30　功能灯具采用彩色装饰外罩增加空间活泼性与视觉效果

9.2.5　收银区

收银台作为顾客付款交易的地方，也是顾客在商店最后停留的地方。照明应首先应满足收银作业的照度需求，确保顾客准确快速结账。收银台区域顾客停留时间较长，避免眩光显得尤为重要。此外，如何让顾客快速的识别收银区域也很重要（图9-31）。收银区可适当设置主题照明及装饰照明，既起到指引的作用，同时提升超市整体形象。另外，收银台通常会陈列部分高频次消费小商品，可对这类陈列作局部重点照明。

操作台面的照度一般在500～800lx之间，通道照度则为300～500lx之间，整体色温3000～4000K之间。

现代超市自助收银的方式逐渐增多。自助收银区由顾客自助操作，使用手机扫码付费。自助收银区的照明方式建议采用面光源灯具，发光均匀，照度不必太高，整体照度建议在300～500lx。应尽量避免灯具眩光对扫码造成的影响（图9-32）。

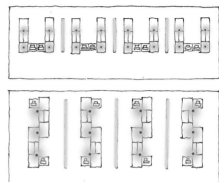

图 9-31　收银台区域灯光点位布置图

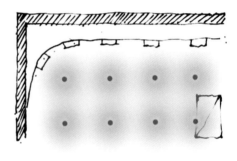

图 9-32　自助收银台区域灯光点位布置图

9.2.6　常用灯具

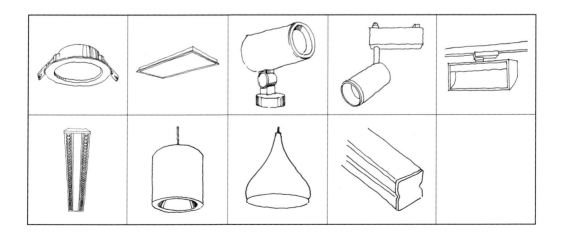

9.3 案例分析

9.3.1 七范儿 SEVEN FUN

京东旗下七范儿（SEVEN FUN）是新零售趋势下的新业态，定位于为都市白领提供全天全时段的服务。除满足职业白领自助购买日用品需求，提供鲜花服务，职业白领的早、午、晚餐、下午茶乃至夜间加班宵夜、休闲娱乐酒吧的需求均可在七范儿得到满足。

七范儿选址多在中高端写字楼的地下层，分为两个区域，便利店区和美食区，24 小时营业。

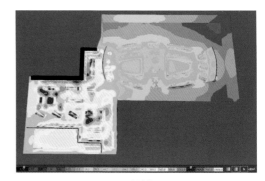

照度计算

不同时段与场景的变换

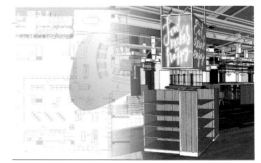

便利店与美食区的过渡

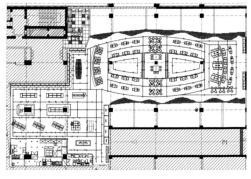

家具平面布置图

便利店区为商品货架陈列，满足白领日常购物需求，整体照度较高，保证充足均匀的货架立面照度，色温也相对较高，采用4000K色温，营造明快的氛围。

便利店区以低货架为主，采用大角度轨道射灯作为主照明，在重要的堆头，交通节点位置采用筒状装饰射灯重点强调。轨道平行于货架布置，高度2800mm，距离货架立面600mm，轨道灯间距1000mm。

酒区作为过渡区域，连接了便利店与餐饮区。从色温和照度上，形成一个缓冲。整体色温为3000K，照度介于便利店包装食品区和餐饮区之间。采用小功率射灯，对货架立面进行重点照明。另外，定制的酒瓶装饰灯，配合该区域的主题氛围，成为点睛之笔。

美食区提供用餐服务，整体照度相对便利店区较低，提高基础照明和重点照明的对比度，营造氛围。功能性照明以小功率中角度轨道射灯为主，显色指数均为Ra90，重点照射桌面，保证对菜品色泽的良好表现，同时兼顾边场商铺明档。

美食区根据一天不同的时段，通过智能控制系统，营造不同的用餐氛围，满足不同时间段消费者的不同需求。设置午市、晚市、夜市模式。午市为简餐模式，基础照明和重点照明全开，整体照度相对较高。晚市则将整体用餐节奏变慢，通过降低通道基础照度，提高通道与桌面照明的对比度，增强氛围。夜市为酒吧模式，通道基础照明和桌面重点照明均关闭，仅保留装饰灯氛围照明，营造浪漫朦胧的情调。

座位外围吧台立面阵列排布玻璃柱装饰壁灯，配合吧台踢脚使用了 2400K 线型灯具烘托气氛，营造了餐饮空间的主基调。中岛吧台采用仿古钨丝球泡装饰吊灯，错落排布，成为整个空间的亮点。

餐饮通道的天花为格栅形式，灯具巧妙地结合了天花形式，定制了宽度贴合格栅间隙的条形装饰灯，并且灯具外观颜色为木纹色，与格栅天花颜色一致。同时，为了与整体空间氛围保持一致，该灯具还定制了 2400K 的色温。条形灯具在格栅天花上连续性错落排布，既提供了通道基础照明，又起到了装饰作用，同时增强了通道的指引性。

9.3.2　戴梦得生鲜超市

戴梦得生鲜超市是一家以生鲜食品为核心，涵盖蔬菜、水果、肉品、水产、休闲食品等经营品类的综合生鲜超市，面积约为 1.1 万 m²。

本项目的照明设计依据不同分区的展示需求，考虑与把握环境灯光的照度、色温、显色指数、眩光等，并通过合理的灯光布置，以期完美呈现商品的色泽、新鲜度、质感等，展示其商品物超所值的价值，令人产生强烈的购买欲望，促进销售的达成。

鲜肉区

肉类区定制色温、显色指数为 Ra95 的生鲜灯具在距离货架约 1.5m 的上方做主照明，高显色性光源充分还原肉禽食物的色泽，让优质的肉类与新鲜的禽类看上去干净、卫生。明装防眩筒灯均匀排列在天花上方，为整个空间提供基础照明。

水产区

水产区以 5000K 高色温冷白光筒灯及导轨射灯为主，在冷白光与闪闪发光的碎冰映衬下，海鲜产品更加鲜活，白色的照明效果让人联想起捕捞海鲜的清澈海水，并能够让海鲜看上去有一种刚从海上打捞起来的鲜活感。此外，导轨射灯可调节照射角度的特性，让商品的展示更加灵动。

货架陈列区

百货及休闲食物区以陈列货架为主要形式,商品的完整可视是主要的需求,因此,陈列货架应考虑货架的垂直照度,并且提供均匀的照明。这里采用防眩光筒灯及可调角度的导轨射灯进行照明,使得所有从上到下陈列的商品,都能有足够的照度并被均匀照亮,确保所有商品都有机会被顾客选购,而提供好的防眩处理灯具在满足功能需求外,更能较好地营造出令人舒适的视觉感受。此外,可调角度的导轨射灯可根据需求灵活选择需要打亮的空间范围。

水果蔬菜区

水果和蔬菜是颜色非常丰富的展区,这里的照明设计既要还原其色彩,又要展示其新鲜度。因此,水果蔬菜区主要采用4000K 色温的高显色性明装筒灯与射灯,既展示出农产品最明快的新鲜色泽,真实地再现出红、橙、黄、绿等各种颜色,营造一种清新的环境氛围,让蔬菜水果看起来更加诱人。

冷藏区

冷藏区商品因其特殊性,要注意色温的恰当运用。明装防眩筒灯及导轨射灯提供整个空间环境的基础照明,冷藏柜采用3000K 色温的暗藏 LED 线型灯具进行重点照明,明亮的光线让商品不会黯然失色,LED 的使用减少热量的产生,也避免了热量影响冷藏商品的质量。

床上用品区

床上用品区域采用筒灯与导轨射灯组合进行照明，既能为平铺的陈列商品提供照明，又能通过导轨射灯的角度调节用侧光来突出商品的立体感。舒适柔和的4000K色温既营造出随意、轻松的环境氛围，又表现出商品的个性与特色，正面展示及侧面展示的商品质感都能得到充分的展现。

收银区

收银区的照明重点在于清晰明亮。这里采用面板灯进行照明，打造明亮均匀的环境，让收银员看清楚商品与钱币。

电梯口

电梯口作为人流往来的聚集地，其照明设计除了提供基础照明，还应具备装饰与引导的作用。电梯入口主要采用防眩筒灯，柔和的人工灯光与顶棚日光相协调，用光的语言将过渡空间连接起来，给人安全感，引导顾客行走。

光影交错，人来人往。本项目照明设计思考的不仅仅是照明，更多的是在探索人与光的互动及人与商品的互动，突显商业空间和商品的特色，促进销售达成。